LEÇONS PRIMAIRES D'AGROMÉTRIE OU D'ARPENTAGE,

A L'USAGE DES ÉCOLES COMMUNALES DES DÉPARTEMENTS,

DONNANT,

Avec une classification méthodique des formes qu'affectent les superficies agraires, les procédés les plus simples et les plus sûrs pour qu'un élève devienne promptement capable de mesurer un terrain, *quelle qu'en soit l'irrégularité.*

OUVRAGE TRÈS ÉLÉMENTAIRE

ADOPTÉ PAR LE COMITÉ SUPÉRIEUR D'INSTRUCTION PRIMAIRE DE CHARTRES.

PAR J.-J. GILLET-DAMITTE,

Officier de l'Académie de Paris, breveté pour l'Instruction primaire élémentaire et supérieure, breveté pour l'Instruction secondaire, Secrétaire de la Société pour la propagation de la Méthode mnémonique polonaise.

Deuxième Edition.

A Paris,

CHEZ PITOIS-LEVRAULT ET Cie, LIBRAIRES,

1840.

EXTRAIT DU CATALOGUE GÉNÉRAL
De la Librairie de Pitois-Levrault et Cie,

L'ÉCHO DES ÉCOLES PRIMAIRES,

Journal des Instituteurs et Institutrices, 3e ann., prix pour 1 an : 6 fr.

Abécédaire de chant ; par J. Mainzer. 1 fr.
Abrégé de la Grammaire populaire, par Ch. Martin. 1 vol. in-12. 60 c.
Abrégé de géographie, par Lamp. 1 fr.
Analyse grammaticale raisonnée, par Martin. in-12. 75 c.
Analyse logique raisonnée, par le même. in 12. 75 c.
Arithmétique des écoles primaires. in 32.30 c.
Arithmétique raisonnée, par Baget 1 vol. in-12. 1 fr. 75 c.
Art d'enseigner la langue française, par Ch. Martin. 1 vol. in-12. 1 fr. 75 c.
Bibliothèque élémentaire de chant. 40 c. livraison dont 5 ont paru.
Caisses d'épargne des écoles primaires, registre de dépôts. 1 fr 50 c. ; six cahiers de reçus, 1 fr. 25 c. chaque.
Cent mélodies enfantines ; par Mainzer. 90 c.
Choix de poésies faisant suite aux secondes lectures françaises, par Willm. 2 fr. 50 c.
Collection de tableaux représentant plus de 1,000 problèmes à résoudre avec le cahier des solutions, par Ferber. 1 fr. 25 c.
Cours pratique de cosmographie et de géographie, par MM. Ch. Martin et Édouard Braconnier. 1 vol. in 18. 90 c.
Cours de lecture ; par Vanier. 1 fr. 75 c.
Domine salvum fac regem à 1, 2 et 3 parties, suivi d'un O salutaris, par de Lafage 60 c.
Éléments de calcul et de dessin linéaire, par Pénot. 2 fr. 50 c.
Éléments de dessin linéaire. 60 c.
Enseignement du Calcul mental, par Ferber. 1 vol. in-12. 1 fr. 25 c.
Étrennes grammaticales ou les Pourquoi et les Parce que de la langue française. 1 vol. in-18. 1 fr. 50 c.
Exercices pour former le raisonnement des enfants par Reussner. 1 fr.
Géographie universelle, par Houzé. 3 fr.
Grammaire des écoles primaires supérieures, par Ch Martin et Braconnier. 1 fr. 75 c.
Grammaire populaire pratique, par Ch. Martin. Nouvelle édition. in-12. 1 fr. 25 c.
Grammaire pratique de Vanier. in-12. 75 c.
Grammaire française de Lhomond, annotée par Ch. Martin. 30 c.
Grandes cartes muettes. 4 fr.
Guide de l'instituteur primaire pour l'enseignement du calcul et plus particulièrement du système métrique, par C. Ferber. 1 vol. in-12. 1 fr. 50 c.
La clef des participes, par Vanier. 1 vol. in 12. 1 fr. 50 c.
La Morale en action, revue par Quitard et Ch. Martin. 1 vol. in-12 1 fr.
L'ami des écoliers, par Mæder. 1 fr. 50 c.
L'art d'enseigner à lire aux enfants ainsi qu'aux adultes, par V. A. Vanier. 1 vol. in-12. 30 c.
Leçons abrégées d'arithmétique, par Baget. 90 c.
Leçons graduées de lectures manuscrites, par Ch. Martin. 1 vol. in-12. 75 c.
Leçons primaires d'arpentage, par Gillet Damitte. 75 c.
Leçons primaires de géodésie agraire, par le même. 75 c.
Le complément des études sur la langue française ou Rhétorique pratique des écoles primaires nouvelle édition, par Ch. Martin, partie du maître. 1 vol. in-12. 1 fr. 75 c. partie de l'élève. 1 vol. in-12. 1 fr.
Lectures morales et récréatives, par Ch. Martin. 1 vol. in-12. 90 c.
Le voleur grammatical, par Martin. 2 fr.
Livre d'instruction morale et religieuse, in-12. 1 fr. 25 c.
Mécanisme de l'écriture expédiée. Vanier. 1 f.
Manuel d'exercices de style et de compositions françaises, par Roffet. 2 fr. ; pour l'élève, 75 c.
Méthode de lecture, p. Abria. in-18. 15 c.
Méthode de chant pour les enfants et les demoiselles, par Mainzer. 2 fr.
Méthode de chant pour voix d'hommes, par le même. 1 fr. 25 c.
Nouveau dictionnaire français, par Ch. Martin d'après la dernière édition de l'Académie, précédé des participes réduits à une seule règle, par Vanier. in-32. 1 fr. 25 c.
Nouveaux éléments de grammaire en 48 leçons, par Peigné. 1 fr. 25 c.
Nouveaux tableaux de grammaire, par M. A. Peigné 48 tableaux. 5 fr.
Nouveaux éléments de géographie ; par Houzé. 75 c.
Petite géographie populaire, par Ch. Martin et Édouard Braconnier. 60 c.
Petite morale de l'écolier. 1 vol. in-18. 10 c.
Précis élémentaire de mathématiques, par J. Morand. Première partie, 2 fr. 50 c. ; deuxième partie, 3 fr.
Premières lectures françaises, par Willm. in 12. 1 fr.
Premières leçons ou introduction à l'étude du chant, par Mainzer. 50 c.
Principes d'écritures, contenant 25 planches, par Marprez. 1 fr. 60 c.
Recueil de fac simile de toutes espèces d'écritures. in 8. 1 fr.
Recueil de discours propres aux examens et distributions de prix, par Martin. 1 fr. 50 c.
Recueil de motets en plain-chant, par de Lafage. 3 fr.
Récompenses aux enfants sages et studieux. Collection de vol. in-18 à 15 c.
Résumé de l'histoire de France ; par Martin. 1 fr. 25 c.
Second Livret de lecture. 1 vol. in-18. 20 c.
Secondes lectures françaises, p. Willm. 2 f. 50 c.
Syllabaire, premier livret de lecture. 25 c.
Tableau synoptique ; par Vanier. 3 fr.
Théâtre des écoles primaires, p. Martin. 60 c.
Traité élémentaire des poids et mesures, par Pénot. 60 c.
Transparents ; par Vanier. 10 c.
Vocabulaire de la langue française, par Ch. Martin : 3e édition. in-12. 75 c.

LEÇONS PRIMAIRES

D'AGROMÉTRIE

OU

D'ARPENTAGE,

A L'USAGE

DES ÉCOLES COMMUNALES DES DÉPARTEMENTS.

SYNTHÈSE LOGIQUE, ou Cours élémentaire de COMPOSITION RAISONNÉE, ouvrage pouvant tenir lieu de tout traité d'*analyse logique*, ayant pour but, au moyen d'un procédé nouveau, de *former le jugement*, et de faciliter, par des exercices bien gradués, l'*énonciation des idées;* à l'usage des Colléges, des Pensions et des Écoles des deux sexes. Par L.-G. TAILLEFER, inspecteur de l'Académie, chevalier de la Légion-d'Honneur, etc.; et GILLET-DAMITTE, breveté pour l'instruction primaire élémentaire et supérieure, breveté pour l'instruction secondaire, officier de l'Académie de Paris.

1 vol. in-12, partie du maître. 2e ÉDITION.
1 vol. in-18, partie de l'élève.

IMPRIMERIE D'HIPPOLYTE TILLIARD, RUE S.-HYACINTHE, 30.

LEÇONS PRIMAIRES
D'AGROMÉTRIE
OU
D'ARPENTAGE,

A L'USAGE DES ÉCOLES COMMUNALES DES DÉPARTEMENTS,

DONNANT,

Avec une classification méthodique des formes qu'affectent les superficies agraires, les procédés les plus simples et les plus sûrs pour qu'un élève devienne promptement capable de mesurer un terrain, *quelle qu'en soit l'irrégularité.*

OUVRAGE TRÈS ÉLÉMENTAIRE
ADOPTÉ PAR LE COMITÉ SUPÉRIEUR D'INSTRUCTION PRIMAIRE DE CHARTRES.

PAR J.-J. GILLET-DAMITTE,

Officier de l'Académie de Paris, breveté pour l'Instruction primaire élémentaire et supérieure, breveté pour l'Instruction secondaire, Secrétaire de la Société pour la propagation de la Méthode mnémonique polonaise.

> Si chacun de nos propriétaires agriculteurs était en mesure de connaître bien sa propriété et de faire respecter son droit, il respecterait mieux aussi le droit de son voisin. (*Préface.*)

Deuxième Edition.

A Paris,
CHEZ PITOIS-LEVRAULT ET Cie, LIBRAIRES,
RUE DE LA HARPE, 81.
1840.

ACADÉMIE DE PARIS.

DÉPARTEMENT D'EURE-ET-LOIR.

COMITÉ SUPÉRIEUR.

Du registre des délibérations du Comité supérieur de l'arrondissement de Chartres

A ÉTÉ EXTRAIT CE QUI SUIT :

Séance du 24 avril 1837.

Le président donne lecture du rapport de M. *Mahistre*, professeur de mathématiques au collége de Chartres, sur un ouvrage intitulé : *Leçons primaires d'arpentage à l'usage des écoles communales des départements*, soumis à l'approbation du comité, dans sa séance du 3 courant, par M. *Gillet-Damitte*, ancien maître de pension à Janville.

Ce travail, dans son ensemble, est bon et surtout très élémentaire, car la méthode de M. *Gillet* consiste, en général, à parler aux sens pour parler ensuite aux intelligences.

Le comité donne un avis favorable sur cet ouvrage, et décide qu'il sera classé au nombre de ceux adoptés par l'article 17 de son règlement pour l'usage des écoles communales de l'arrondissement.

Il prie M. le Préfet,

1° D'encourager l'auteur par une souscription à ses *Leçons primaires d'arpentage* ou de toute autre manière ;

2° De vouloir bien, au nom du comité, adresser des remercîments à M. *Mahistre* des peines et des soins qu'a nécessités l'examen de cet ouvrage.

Pour extrait,

Le Président,

DE SAINT-AIGNAN.

AVERTISSEMENT.

La loi de 1832 sur l'instruction primaire a compris l'arpentage dans les matières du programme de l'enseignement élémentaire ; cette partie intéressante est devenue une étude nécessaire. En effet, les progrès agricoles sont liés en partie à la connaissance de l'arpentage ; ainsi, à mesure que l'agriculture étend ses bienfaisants résultats, l'on voit l'arpentage présider au mesurage d'un sol fécond, que le travail fertilise encore. Les livres de science abondent ; mais avons-nous sur cette matière beaucoup de livres pratiques et d'une pédagogie habilement traitée ? C'est une question à laquelle nous ne pouvons répondre.

Frappé de ces considérations, et nous reposant sur l'accueil flatteur fait à nos premiers travaux sur cet objet, travaux qui ont reçu les plus honorables suffrages des autorités compétentes, nous avons cru devoir publier ces éléments. Tous nos soins ont eu pour but de grouper les surfaces agricoles d'après les types que la nature champêtre présente le plus communément ; de les classer par ordre de difficultés pour en faire un système pédagogique, afin que l'élève soit amené pas à pas à se familiariser avec l'analyse des figures les plus compliquées ; car pour peu que l'on ait visité le terrain, l'on sait que le plus savant théoricien se trouve fort embarrassé la première fois qu'il applique même les simples éléments de la géométrie. Sans doute, nous n'avons pas la prétention de croire que cet opuscule formera d'habiles géomètres, et ce n'est pas là notre intention. Nous désirons seulement qu'aux instituteurs, zélés pour leur noble profession, il serve à former des élèves capables de mesurer un terrain quelconque, parce que, comme l'écrivait un homme ami de la justice et de l'instruction : « *Si chacun de nos propriétaires agriculteurs était en mesure de connaître bien sa propriété et de faire respecter son droit, il respecterait mieux aussi le droit de son voisin.* »

Nous renvoyons donc à notre *Méthode d'Arpentage, de Division des terres et de lever des plans*, nos lecteurs désireux de notions plus étendues. Nous prions aussi nos lecteurs d'avoir recours aux ***Leçons primaires de Géodésie***, s'il désirent étudier l'art si important de ***diviser les champs***. Nous avons fait de ces notions un petit traité séparé, afin d'entrer dans les considérations qui portent MM. les instituteurs tantôt à borner leur enseignement géométrique, tantôt à l'étendre selon les localités.

Pour rendre cet opuscule de plus en plus digne des suffrages qui lui ont été accordés, nous avons revu, dans cette nouvelle édition, notre travail avec le plus grand soin. Nous prions MM. les membres du comité supérieur d'Instruction primaire de Chartres de recevoir nos remercîments pour le bienveillant intérêt dont ils l'ont honoré.

Mais, qu'il nous soit permis ici de protester contre un plagiat, malheureusemement trop commun par ce temps, où certains auteurs, indignes de ce nom, fabriquent un livre en copiant servilement le travail d'autrui. Le libraire Delalain a publié récemment un *Manuel* où M. E. Lefranc a contrefait notre méthode en copiant notre texte dans les passages qui nous ont coûté le plus de travail. Nous espérons que les tribunaux nous feront bonne justice.

NOTA. Les chiffres entre parenthèses, comme (24), renvoient à un paragraphe qui sert à l'intelligence du texte.

LEÇONS PRIMAIRES

D'ARPENTAGE.

LEÇON PRÉLIMINAIRE.

DE L'ARPENTAGE EN GÉNÉRAL.

L'arpentage est un art qui a pour objet le mesurage des terres.

Cet art emprunte à la science de la géométrie des principes simples, mais qu'il faut connaître si l'on ne veut pas s'exposer à commettre de graves erreurs.

Quand l'arpentage consiste uniquement à classer les différentes espèces de pièces de terre selon l'ordre des difficultés, à fournir les moyens prompts et sûrs de déterminer la contenance des possessions champêtres, *c'est l'arpentage simple.*

S'il établit les procédés à l'aide desquels on peut partager un champ en autant de parties que l'on veut, et à l'aide desquels on peut déterminer sa base productive quand le sol est incliné, *c'est la division des terres et le nivellement.*

Enfin, le mesurage des terres peut avoir pour résultat de fournir les moyens de représenter sur le papier, dans certaines proportions, la figure du terrain, et de donner au plan du terrain une teinte conforme à sa nature de terre labourable, de pré ou de vigne, c'est *le lever et le lavis des plans.*

On appelle arpenteur celui qui pratique l'arpentage. et le plus souvent on donne ce nom à celui qui en fait sa profession habituelle.

Tout citoyen a le droit d'arpenter; mais, pour qu'une opération soit reçue en justice, il faut que l'arpenteur soit patenté.

L'arpenteur de profession doit avoir pour qualités principales, 1° de connaître suffisamment son art; 2° d'être *probe*, c'est-à-dire juste et impartial dans ses opérations.

RÉSUMÉ.

L'arpentage est l'art de mesurer les terres; il comprend : 1° l'arpentage simple des surfaces champêtres; 2° la division des terres et le nivellement; 3° le lever et le lavis des plans.

Dans ces leçons primaires, c'est plus spécialement de l'arpentage simple, qui a pour objet de donner la contenance des possessions champêtres, que nous nous occuperons.

LEÇON I.

Des lignes, des surfaces, et de l'étendue en général.

Lorsqu'on parle de la distance d'une ville à une autre, comme de Paris à Orléans, on ne fait aucune attention à la largeur du chemin; on considère seulement la longueur de l'espace qui est entre ces deux villes, c'est-à-dire que l'on considère l'étendue avec une seule dimension.

De même, lorsque l'on parle de la glace d'un miroir, on ne fait nulle attention à l'épaisseur de cette glace, on en considère seulement la longueur et la largeur; il en est de même lorsqu'il s'agit de l'étendue d'un champ ou d'un terrain, car on ne fait pas non plus attention à sa profondeur : on considère donc alors l'étendue avec deux dimensions.

Mais si l'on examine la masse d'un corps, comme une pièce de bois, une pierre, l'excavation d'un fossé, etc., on fait attention alors aux trois dimensions du corps, qui est d'autant plus grand, qu'il a plus de longueur, de largeur et de hauteur ou profondeur.

RÉSUMÉ.

1. L'étendue en longueur s'appelle *ligne*.
2. L'étendue comprenant la longueur et la largeur s'ap-

pelle *surface*; une surface sur laquelle on peut appliquer une règle droite s'appelle ***plan***, ou ***surface plane***.

3. Dans une surface, la plus grande dimension s'appelle *longueur*, et la plus petite s'appelle *largeur*.

4. L'étendue comprenant les trois dimensions longueur, largeur et hauteur ou profondeur, s'appelle *corps*.

5. La géométrie est une science qui a pour but de mesurer l'étendue.

LEÇON II.

Des différentes lignes.

De la plaine, si la moisson est enlevée, pour revenir au village, vous arrivez en vous dirigeant sur le clocher, vous prenez le plus court chemin ; c'est aussi ce que font les animaux lorsqu'ils accourent à la voix de l'homme, ils viennent droit sans se détourner; si, au contraire, vous vous promenez sur le bord d'une rivière dont le courant forme la *roue*, selon l'expression de la campagne, votre chemin n'est pas droit, il est courbe; et si la rivière coule en tournant, tantôt à droite et tantôt à gauche, vous avez un chemin sinueux. Aller d'un endroit à un autre par le plus court chemin, c'est suivre la ligne droite : suivre un chemin qui n'est pas droit, c'est suivre une ligne courbe; enfin, parcourir les sinuosités d'une rivière, c'est suivre une ligne sinueuse.

Les lieux d'où l'on part, où l'on s'arrête, où enfin l'on arrive en suivant une ligne, sont des points.

RÉSUMÉ.

6. La ligne droite (*fig.* 1) est la plus courte distance d'un point à un autre.

7. La ligne courbe (*fig.* 2) est celle qui se détourne infiniment peu à chaque pas.

8. La ligne sinueuse (*fig.* 3) est une ligne courbe suivant tantôt un sens tantôt un autre.

9. Le point est le terme de la ligne, ou bien l'endroit

où par la pensée l'on suppose une ligne coupée; alors on l'appelle *point d'intersection.*

OBSERVATIONS.

Quand vous tracez une ligne sur le papier, vous avez une règle droite, une table bien dressée et un crayon taillé fin. Alors vous appliquez la règle sur les deux points et vous faites glisser légèrement le crayon sur le bord de la règle. Remarquez que si, après cette opération, vous preniez une règle plus longue, et que vous l'appliquassiez sur les deux points, vous ne pourriez tracer qu'une même ligne, mais vous la pourriez prolonger aussi loin que le permettrait la plus grande longueur de votre seconde règle; d'où l'on peut conclure ces deux principes utiles en pratique :

10. 1° D'un point A à un autre point B, on ne peut mener qu'une seule ligne droite (*fig.* 4).

11. 2° Deux points d'une ligne droite étant donnés, on peut tracer cette ligne et la prolonger indéfiniment.

LEÇON III.

Tracer une ligne droite sur le terrain. (Fig. 4.)

Pour dresser une plate-bande, les jardiniers placent un piquet à chaque bout, et joignent ces piquets par un cordeau tendu. Le cordeau remplace la règle en ce sens qu'il va d'un point à l'autre de la ligne par le plus court chemin. Ce procédé est prompt, mais il ne peut pas toujours être employé. Par exemple, lorsque la ligne est d'une assez grande étendue, l'on agit autrement. En effet, remarquons ce que fait le laboureur dans la plaine, quand il veut tracer une *raie*, un sillon bien droit; il pose de distance en distance, sur une des longueurs du champ, de petits tas de terre, puis il vient à l'une des extrémités observer s'ils sont en regard de l'autre extrémité; autrement, vous savez qu'il recommence son alignement. Au lieu de placer de petits tas de terre de distance en distance, sur les divers points d'une ligne droite, les arpenteurs se servent de piquets qu'ils alignent comme le laboureur dont nous venons de parler, comme le chasseur ajuste le gibier. Le procédé est le même.

L'œil du chasseur et le corps du gibier sont les deux points extrêmes d'une ligne droite. Le chasseur a bien ajusté quand il place le canon du fusil positivement en regard du corps du gibier, et le plomb décrit la ligne droite. De même l'arpenteur place un piquet à l'une des extrémités de la ligne A, un second piquet à l'autre B, et posant son œil à l'un de ces points comme le chasseur sur le canon du fusil, il mire l'autre point, et remarque sur le terrain à une certaine distance, un petit signe, une herbe, une paille, etc., par lequel son alignement passe; puis il va planter à cet endroit un autre piquet C; de la sorte il a déterminé un troisième point : or, nous savons que deux points suffisent pour tracer une ligne droite. L'arpenteur, en s'en allant d'un point extrême de la ligne à l'autre, pourra fixer avec des piquets autant de points intermédiaires qu'il le voudra, en les alignant sur le premier piquet où il avait l'œil, ainsi que sur celui planté à la place du brin d'herbe dont nous avons parlé; et lorsqu'en reculant il est arrivé au piquet de l'extrémité qui représente l'oiseau du chasseur, il faut, pour que son alignement soit bon, que l'œil de ce nouveau point voie tous les piquets intermédiaires se confondre dans un même coup d'œil; s'il en est autrement, il rectifie son opération et redresse sa ligne.

Lexigraphie.

Dimension, grandeur; extrémité, bout d'une chose.

Points extrêmes, points de chaque bout d'une ligne. Points intermédiaires, points situés sur une ligne entre les points extrêmes. Aligner, tracer une ligne avec l'œil. Arpenteur, celui qui applique la géométrie à la mesure des champs. Procédé, manière de faire.

RÉSUMÉ.

12. Pour tracer sur le terrain une ligne de dimension petite, dans un jardin, on se sert d'un cordeau que l'on attache aux deux extrémités de la ligne au moyen de deux piquets.

13. S'il s'agit d'une ligne d'une certaine étendue, dans les champs, on aligne des piquets qu'on fixe sur plusieurs points intermédiaires.

OBSERVATIONS.

14. Les piquets qu'on emploie pour l'opération s'appellent *jalons*.

15. L'action de planter des jalons pour tracer une ligne droite se nomme *jalonner*.

Pour avoir de bons jalons, il faut choisir des baguettes de coudrier ou de châtaignier, bien droites, de la grosseur du doigt. On leur donne pour longueur environ un mètre et demi. On amincit en pointe un des bouts qu'on destine à être fiché en terre, et l'on fend juste au milieu l'autre bout pour y ajuster une carte blanche, afin qu'il soit vu de loin. Si la ligne qu'on jalonne est traversée par des accidents de terrain (hauts et bas), on multiplie les jalons autant qu'il est nécessaire pour monter ou pour descendre l'accident. En effet, remarquez qu'une personne placée derrière une hauteur ne peut être aperçue; or, si vous ne rapprochiez pas les jalons dans une circonstance comme celle dont nous venons de parler, vous ne verriez plus les jalons de la ligne lorsque vous auriez franchi (monté par dessus) l'accident (*fig.* 5).

En général, les jalons sur un ligne doivent être distants d'environ 45 mètres; ils doivent aussi être plantés droits, c'est-à-dire ne pencher d'aucune manière.

LEÇON IV.

Mesurer une ligne droite sur le terrain.

16. Pour mesurer une ligne droite sur le terrain, on fait usage de la chaîne d'arpenteur appelée *décamètre*. Cette chaîne est formée de 50 petits chaînons représentant chacun deux décimètres, et cinq de ces chaînons forment un mètre. Chaque mètre est indiqué sur la chaîne par un anneau de cuivre jaune, et le cinquième mètre, qui

fait la moitié de la chaîne, est distingué par une petite goupille pendante.

17. Les fiches sont de petits piquets de fil de fer arrondis par une extrémité. On en porte 10, et chaque fois que l'on a employé les dix fiches, on a mesuré 100 mètres.

Lorsqu'on mesure une ligne, l'opérateur ou son aide (on appelle ainsi celui qui travaille avec le géomètre) marche en avant dans l'alignement, et plante une fiche à chaque portée de dix mètres. La fiche doit être plantée très droite. Celui des deux qui vient après enlève chaque fiche jusqu'à ce que la poignée des dix soit épuisée. Alors, il y a cent mètres de mesurés. On recommence autant de fois qu'il est nécessaire.

Il faut prendre, en mesurant une ligne, un grand soin, qui se réduit aux points suivants.

RÉSUMÉ.

18. 1° Marcher en ligne, c'est-à-dire suivre sans déviation la ligne droite sur la distance comprise entre le point de départ et le point d'arrivée.

2° Tendre la chaîne également.

3° Tenir la chaîne de niveau.

OBSERVATIONS.

19. Puisqu'il faut marcher en ligne, on doit, quand la ligne n'est pas jalonnée, se créer dans le lointain un point, tel qu'un arbre, une pierre, qui soit sur le prolongement de la ligne à mesurer.

Puisqu'il faut *tenir la chaîne de niveau*, quand on mesure en descendant, celui qui marche le premier doit élever la main qui tient la chaîne au niveau de l'extrémité opposée, et laisser tomber verticalement une fiche de cette même main pour la fixer à l'endroit où elle tombe. Lorsqu'on mesure en montant, c'est celui qui marche le dernier qui doit élever la main.

Jalonner une ligne n'est pas chose très facile : il faut s'y exercer. Ce travail rend l'œil habile et prompt.

LEÇON V.

Des différents noms que peut prendre une ligne droite.

20. Les quatre côtés de la couverture d'un livre sont ordinairement coupés carrément. La longueur et la largeur sont perpendiculaires entre elles, et nous disons en outre que les quatre côtés sont parallèles deux à deux. Rappelez-vous, mes amis, la leçon de dessin linéaire si vous avez déjà étudié cet art. Les quatre côtés d'une porte carrée sont aussi des lignes parallèles, et je vous donnerai une idée exacte de la ligne verticale, en vous disant que la corde de la cloche de l'église décrit une *ligne verticale*; il en est de même d'un jalon planté comme nous l'avons prescrit; et si vous voulez trouver dans la nature un exemple de la ligne horizontale, attendez que l'hiver ait glacé l'étang ou la mare de la commune, et alors en appliquant une règle sur la glace, la ligne que vous tracerez sera une *horizontale.*

RÉSUMÉ.

21. (*Fig.* 6.) Une ligne droite AB qui joint une autre droite CD sans pencher ni à droite ni à gauche s'appelle *perpendiculaire.*

Dans cette figure, AB est perpendiculaire à CD, et CD perpendiculaire à AB.

22. L'on donne le nom d'oblique à toute droite (*fig.*6 *bis*) AC, AE, qui n'est point perpendiculaire à celle ED, à laquelle on la compare.

23. Deux droites situées sur le même plan qui ne peuvent se rencontrer si loin qu'on les prolonge, prennent le nom de parallèles : telles sont AB, CD (*fig.* 7). La ligne verticale est une droite perpendiculaire à l'horizontale : telle est celle que décrit une pierre dans sa chute.

24. On appelle horizontale la droite décrite sur une surface plane comme une eau dormante.

Cette ligne se nomme horizontale parce qu'elle est parallèle à l'horizon, ce grand cercle qui borne la vue dans les plaines ou sur la mer.

OBSERVATIONS.

25. Quand une ligne comme **AB** est perpendiculaire à **CD**, ces deux droites sont perpendiculaires l'une à l'autre, (*fig.* 6). Si la perpendiculaire est supposée partir du point **B** sur la ligne **CD**, elle est dite élevée.

26. Une perpendiculaire est abaissée quand elle vient joindre une autre droite, en partant d'un point **A** situé hors de cette ligne.

27. En attachant à un fil un corps pesant, comme un petit plomb, l'on aura une verticale, si on laisse pendre le fil.

28. L'on obtient une ligne horizontale en se servant du niveau des maçons, instrument que vous rencontrez chez les charpentiers, les menuisiers, etc.

LEÇON VI.

Des perpendiculaires, des obliques et des parallèles.

L'art de l'arpentage fait un grand usage des perpendiculaires. Il est donc fort intéressant pour nous de bien saisir certaines propriétés de ces lignes, afin que nos opérations, dans la suite, sur le terrain soient exactes.

Une perpendiculaire, avons-nous dit, est une droite qui en joint une autre sans pencher ni à gauche ni à droite. Il suit de là évidemment que :

RÉSUMÉ.

29. (*Fig.* **6.**) 1° D'un point B pris sur une ligne **CD**, on ne peut élever qu'une seule perpendiculaire.

30. 2° D'un point **A** pris hors d'une ligne, on ne peut abaisser qu'une seule perpendiculaire.

31. 3° Que la plus courte distance d'un point **A** à une droite, est la ligne perpendiculaire.

32. 4° Toute ligne oblique **AC, AE**, menée d'un point extérieur **A** à une droite quelconque, est d'autant plus longue, qu'elle s'écarte plus de la perpendiculaire (*fig.* 6 *bis*).

33. 5° Des obliques AC, AD (*fig.* 6 *bis*), situées à égales distances de la perpendiculaire, sont égales.

34. 6° De deux obliques AC, AE, situées à inégale distance de la perpendiculaire, celle-là est la plus grande, AE, qui en est plus éloignée.

De ces deux derniers principes, nous conclurons cet autre pour les obliques :

35. 7° Quand des obliques sont égales, elles sont également distantes de la perpendiculaire.

36. 8° Deux ou plusieurs lignes perpendiculaires à une troisième sont parallèles. Cela est évident, puisque la ligne perpendiculaire ne penche ni à droite ni à gauche.

OBSERVATIONS.

37. Les limites des constructions régulières sont ordinairement des perpendiculaires, mais très rarement on en rencontre dans les champs ; tandis que les obliques sont très fréquentes. Les quinconces d'arbres sur les places de village, les plantations sur un terrain, se font ordinairement sur des lignes parallèles. Il serait donc important de savoir tracer ces lignes sur le papier, puis sur le terrain. Mais comme le procédé pour tracer exactement ces lignes, emprunte des principes aux propriétés du cercle, nous parlerons d'abord du cercle.

LEÇON VII.

Du cercle.

Rien n'est plus commun que le cercle. Il est d'une grande importance dans les travaux des hommes. Vous-mêmes, chaque jour, vous jouez avec un cercle, et chaque jour aussi deux cercles, les roues de vos voitures, ramènent au village les produits précieux de vos champs. La circonférence du cercle c'est le contour de la roue ; et l'espace renfermé dans la circonférence est ce que les géomètres appellent à proprement parler le cercle.

Les jantes de la roue sont des arcs ou portions de la circonférence, et les raies sont les rayons du cercle ; enfin le trou du moyeu est le centre de la circonférence, par conséquent du cercle. Deux raies bout à bout en représentent le diamètre.

RÉSUMÉ.

38. La circonférence du cercle (*fig.* 8) est une ligne courbe dont tous les points sont à égale distance d'un autre point intérieur nommé centre **A**.

39. Le cercle est la surface renfermée dans sa circonférence.

40. Le rayon **EA**, **CA**, est une ligne menée du centre à la circonférence.

41. Le diamètre **BD** est une ligne qui va d'un point de la circonférence à l'autre, en passant par le centre.

42. L'arc est une partie quelconque **C** à **D** de la circonférence (*fig.* 8).

43. La corde de l'arc est une ligne droite qui joint les extrémités de l'arc : telles sont **CD**, **BE**.

44. On est convenu de partager ou de supposer partagé tout cercle en 360 parties égales appelées degrés.

Chaque degré se divise en 60 minutes.

Chaque minute en 60 secondes.

Le degré se marque ainsi : °; exemple : 45°.
La minute. . . . . ′; ex. 45° 20′.
La seconde. . . . . ″; ex. 45° 20′ 30″.

45. Tout diamètre divise la circonférence en deux parties égales; évidemment tous les rayons d'un même cercle sont égaux; donc si ces deux cercles ont des rayons égaux, ils seront égaux.

OBSERVATIONS.

46. Un degré est la 360ème partie de la circonférence d'un cercle; or, il y a des circonférences de toutes sortes de grandeurs; il y a donc pareillement des degrés de différentes grandeurs.

Le quart de la circonférence du cercle comprend 90°.
La moitié. . . . . 180°.

47. (*Fig.* 9.) Si l'on divise la circonférence en quatre parties égales, et qu'on joigne par des lignes les points de division, les deux diamètres se couperont perpendiculairement au centre A.

48. (*Fig.* 10.) Si une ligne BC est perpendiculaire à l'extrémité du rayon AB, elle ne touchera la circonférence qu'en un seul point, au point où le rayon lui-même touche la circonférence. Par conséquent, toutes les fois que d'un centre pris à volonté, comme A, par exemple, on décrira un arc de cercle touchant une droite BC, le point de rencontre B ou point de contact sera celui où doit tomber la perpendiculaire abaissée de A sur BC.

LEÇON VIII.

PROBLÈMES RELATIFS A L'ARPENTAGE, ET QU'ON PEUT RÉSOUDRE PAR L'EMPLOI DU CERCLE.

I. *Tracer un cercle sur le papier et sur le terrain.*

49. Pour tracer un cercle sur le papier, tout le monde se sert d'un compas, instrument bien connu, mais qu'il n'est pas toujours très facile de manier. Le compas, pour être bon, doit avoir les pointes très aiguës, la charnière modérément serrée, et présenter deux branches bien ajustées quand on le ferme complétement. Il faut éviter, en s'en servant, de trop appuyer sur la pointe qui est placée au centre du cercle, parce que l'on endommage le papier.

50. II. Si vous voulez tracer un cercle sur le terrain, plantez d'abord un piquet au centre que vous désirez donner au cercle, puis, ayant attaché à ce piquet un cordeau, vous en prenez une longueur égale au rayon du cercle à décrire, et ayant attaché à ce cordeau un autre piquet, vous effleurez la terre en traçant la circonférence demandée.

III. *D'un point donné sur une ligne droite, élever une perpendiculaire sur le papier.*

51. Soit (*fig.* 11) le point C sur la droite AB, d'où l'on veuille faire partir la perpendiculaire. De ce point C décri-

vez à volonté un demi-cercle DE. Des points D et E décrivez des arcs de cercle qui se couperont en F. De ce point F au point C, tracez une ligne, qui sera la perpendiculaire demandée.

D'un point donné hors d'une ligne, abaisser une perpendiculaire sur le papier.

Soit le point C (*fig.* 12) d'où doive partir la perpendiculaire sur AB; du point C décrivez à volonté l'arc DE qui coupe la droite AB aux points D et E. De ces points D et E, avec une ouverture du compas prise à volonté, mais plus grande que DE, décrivez des arcs de cercle qui se coupent en F, tracez la ligne CF, et vous aurez CO, qui est la perpenduculaire cherchée.

Moyen mécanique de résoudre les deux problèmes précédents.

52. Les praticiens (on appelle ainsi ceux qui pratiquent la géométrie), pour élever et abaisser des perpendiculaires sur le papier, se servent de deux équerres en bois.

53. (*Fig.* 13.) On appelle ainsi une petite planche, ordinairement de prunier, bien dressée, coupée perpendiculairement en B et obliquement d'A en C.

54. (*Fig.* 14.) Soit le point C sur la ligne AB d'où l'on veuille élever la perpendiculaire. Je place une équerre sur la ligne AB, puis j'ajuste le plus long côté GE d'une autre équerre sur le bord DE de la première. Je retourne (*fig.* 15) la première équerre DCE de manière que le plus grand côté s'ajuste au point C, par où je tire la ligne demandée.

Semblable opération serait faite pour abaisser une perpendiculaire, et par ce procédé l'on en tracerait un nombre indéfini d'une manière sûre et prompte.

LEÇON IX.

Élever et abaisser sur les lignes droites du terrain des perpendiculaires de petite dimension. (Fig. 16.)

55. 1° *Élever.* Si la perpendiculaire à élever est de petite dimension, comme dans un petit jardin, dans une

construction, vous portez à droite et à gauche du point A, d'où vous voulez élever la perpendiculaire, des mesures égales AB, AC, au moyen d'un cordeau ou d'un instrument que nous décrirons ci-après. Puis ayant établi sur le sol un piquet au point B, vous prenez à volonté une longueur du cordeau, vous garnissez cette longueur d'un piquet aigu, et l'ayant fortement tendu, vous décrivez, en rasant le sol, un arc de cercle, D. Vous faites la même opération en C pour décrire l'arc E. Du point d'intersection F vous tracez la perpendiculaire FA.

OBSERVATIONS.

56. Remarquez que dans ce travail vous devez faire en sorte que les arcs de cercle soient suffisamment marqués pour que le point d'intersection demeure visible. Remarquez encore que nous supposons la droite AB tracée d'après le nº 12.

Ce procédé repose sur les deux principes 33 et 51.

En effet, remarquez que prenant B et C comme centre d'un cercle et décrivant des arcs, il faut que le point de coupure ou d'intersection de ces arcs soit un point de la perpendiculaire, puisque ce point est déterminé par des obliques égales et s'écartant également du pied de la perpendiculaire.

57. 2º *Abaisser.* Si la perpendiculaire à abaisser est de courte dimension, comme dans un petit jardin, dans une construction, vous pouvez procéder ainsi :

(*Fig.* 17.) Soit A le point d'où l'on veuille abaisser la perpendilaire sur la droite EBC, je fixe un piquet en A et j'y attache un cordeau; je prends une longueur de cordeau que je suppose égale à la perpendiculaire, et je la porte à droite et à gauche de la droite EBC, comme pour décrire un cercle. Si je l'ai prise plus longue que la perpendiculaire, ce sera une oblique qui touchera la ligne en D ou en E, mais qui la dépassera en B; si je l'ai prise plus courte, elle ne touchera en aucun point la ligne EBC.

Mais si je suis arrivé à une longueur de cordeau exactement égale à la perpendiculaire, je toucherai la droite au point B et je m'en éloignerai aussitôt après en décrivant l'arc EBD; d'où il suit que AB est la perpendiculaire cherchée (nº 31).

Cette manière d'abaisser une perpendiculaire se pratique le plus souvent dans les constructions, lorsqu'on ne peut, d'un mur à l'autre, employer le procédé qui va être exposé pour les lignes d'assez grande dimension.

LEÇON X.

De l'échelle.

Quand plusieurs lignes ont été mesurées sur le terrain et qu'on veut reproduire sur le papier la forme du champ qu'on a mesuré, on réduit ces lignes au moyen de *l'échelle.*

L'échelle (fig. 18) *est une ligne qui sert à réduire* sur le papier la longueur d'un certain nombre de mètres trouvés sur le terrain.

Rien de plus facile que de construire une échelle. Soit la ligne AB (*fig.* 18), à laquelle on convienne de faire représenter 5 mètres. Si on la partage en 5 parties, chacune de ces parties sera de 1 mètre. Par conséquent, en subdivisant de nouveau ces portions, chaque petite division représentera des décimètres ou dixièmes de mètre.

C'est pourquoi si l'on avait $4^{m},4^{d}$ à déterminer sur le papier, on tracerait d'abord une ligne au crayon, puis ouvrant le compas, on prendrait une mesure de B en *c*, et on la marquerait sur la ligne du papier, qui serait alors exactement semblable à celle du terrain.

Dans les opérations ordinaires, vous n'avez pas besoin de construire une échelle; servez-vous d'un double décimètre en buis divisé en millimètres, et prenez un millimètre pour représenter un mètre.

S'il arrivait pourtant que ces proportions ne fussent pas satisfaisantes pour le but qu'on se propose, on construirait une *échelle de dixme.*

De l'échelle de dixme, sa construction.

Tirez la ligne indéfinie AB, puis portez plusieurs ouvertures égales du compas, dont chacune A*a*, *a*C, CD, DB, représente 100 parties, et aux points A, *a*, C, D, B, élevez les perpendiculaires **AE**, ***a*F**, **CG**, **DH**, **BI**, sur chacune desquelles vous portez dix ouvertures de compas égales entre elles, mais de grandeur arbitraire ; ayant tiré **EI**, vous divisez **A*a*** en **10** parties. Vous divisez également en 10 parties **EF** et **A*a***, après quoi vous tirez des transversales, comme on le voit dans la figure ; alors on est dans le même cas que si l'on avait divisé **A*a*** en **100** parties ; et par les points de division correspondants de **AE**, de ***a*F** et de **BI** on tire des lignes droites qui sont autant de parallèles à **AB**.

Usage de cette échelle.

Supposons que **A*a*** représente **100** mètres, ***a*C** en représentera aussi **100**, ainsi de suite.

Pour **100** mètres, prenez avec le compas de **C** en ***a***.

Pour 103, prenez à la ligne **K*i***, de ***i*** en ***b***.

Pour 95, prenez de **J** en 5.

Exercice. Construisez une échelle semblable.

LEÇON XI.

DE L'ÉQUERRE DE L'ARPENTEUR.

Abaisser et élever des perpendiculaires de dimension assez grande.

58. Sur le terrain, l'on appelle base la ligne droite jalonnée sur laquelle on abaisse et de laquelle on élève des perpendiculaires.

On lui donne ce nom, parce qu'elle sert d'appui à l'opération qu'on veut faire, qu'elle est le fondement, pour ainsi dire, sur lequel repose le travail.

59. La ligne *base* s'appelle quelquefois *ligne directrice*, parce qu'elle sert à diriger l'opérateur dans son travail. Pour abaisser et élever des perpendiculaires de dimension assez grande, l'on emploie communément l'équerre d'arpenteur.

60. L'équerre (*fig.* 20) est un instrument en cuivre représentant le plus ordinairement un corps rond coupé

à huit pans ; elle est traversée par des fentes ou pinnules ABCD, *a b c d*, qui se coupent elles-mêmes perpendiculairement au centre. L'équerre est montée sur un bâton armé d'une pointe de fer qui sert à la fixer sur le terrain.

61. Soit (*fig.* 21) la ligne jalonnée ABCD, et le point E hors de la ligne d'où l'on a besoin d'abaisser la perpendiculaire. Je plante l'équerre au point F, où je suppose que tombera la ligne perpendiculaire, et j'ajuste les pinnules *a* et *b* sur la ligne jalonnée, avec assez de précaution pour que, en regardant sur la fente *a*, j'aperçoive C, D dans la même direction, et qu'en regardant par la fente *b*, j'aperçoive également A et B se confondant dans le rayon visuel. Cette opération s'appelle *mettre l'équerre en ligne.* Elle exige, dans le commencement, des tâtonnements, parce que l'habitude manque. Pour l'acquérir, on doit s'appliquer d'abord à aligner le bâton comme si l'on voulait planter un nouveau jalon. Au reste, on est certain d'être en ligne lorsqu'après avoir placé l'équerre d'aplomb, et avoir visé successivement par chacune des pinnules qui correspondent à chaque côté, on s'est convaincu que le crin ou la fente (si l'équerre n'est pas à fenêtre) coupe par le milieu tous les jalons de la ligne, surtout ceux des extrémités.

M'étant donc mis en ligne au point *g*, j'observe par l'ouverture *c* si le crin couvre le milieu du jalon E. S'il arrive que j'en sois encore éloigné, comme la figure le montre, je pose l'équerre en *h*, où bientôt je reconnais que j'ai trop avancé ; alors je la fixe en F; je réussis, et la perpendiculaire cherchée est EF.

Élever avec l'équerre une perpendiculaire sur une ligne droite.

62. Supposons que (*fig.* 21) du point F on voulût élever une perpendiculaire FE sur le terrain, on poserait l'instrument en cet endroit, et on l'alignerait, puis on ferait jalonner la ligne FE, en tenant l'œil appuyé sur la pinnule *c*.

LEÇON XII.

Tracer des parallèles sur le papier et sur le terrain.

63. 1° *Sur le papier* (fig. 7). Tracez d'abord la ligne CD; puis de chacun des deux points *a*, *b*, pris à volonté comme centres, décrivez d'une même ouverture de compas les arcs *c*, *d*; ensuite tirez la ligne A*dc*B, en ayant soin qu'elle ne fasse que toucher ces deux arcs.

Comme toutes perpendiculaires à une droite sont parallèles entre elles, le procédé le plus prompt sera de tracer une droite et de mener par différents points déterminés, au moyen des deux équerres, les parallèles voulues. (*Voy.* page 17, n° 52.)

64. 2° *Sur le terrain.* Ayant pris pour base (*fig.* 22) la droite AB à laquelle vous voulez mener une parallèle, vous élevez sur cette base, à deux points pris à volonté, des perpendiculaires d'après ce qui a été dit (Leçon XI), puis vous prenez sur chacune de ces perpendiculaires FG, EH un même nombre de mètres, et par chaque point H, G déterminé ainsi, vous tracez une droite qui est la parallèle cherchée.

OBSERVATIONS.

Cette dernière opération exige une grande précision, 1° dans l'élévation des perpendiculaires, car si, au lieu de perpendiculaires on traçait des obliques, la ligne menée par les points H, G ne serait pas parallèle à AB; 2° dans la mesure portée sur EH, FG, car si cette mesure était différente, la droite CD serait plus rapprochée d'un côté que de l'autre; elle ne serait pas parallèle.

LEÇON XIII.

De l'angle.

65. Quand deux haies ou deux murs se joignent, il existe un espace compris entre les lignes décrites par ces deux haies ou ces deux murs, il existe un angle. Vous appelez *encoignure* la pointe où les deux murs se coupent; c'est le sommet de l'angle, et les deux murs en sont les côtés.

RÉSUMÉ.

66. L'angle (*fig.* 24) est l'ouverture ou l'écartement de deux lignes quelconques, AB, BC, qui se rencontrent en un point B (*fig.* 23, 24, 25).

Les deux lignes se nomment *les côtés de l'angle*, et le point de leur rencontre s'appelle *le sommet.*

Toute ligne (*fig.* 25) perpendiculaire AB à l'extrémité B d'une autre BC forme un angle droit.

Tout angle plus petit qu'un angle droit est un angle aigu (*fig.* 24).

Et tout angle plus grand qu'un angle droit est un angle obtus (*fig.* 23).

OBSERVATIONS.

67. Deux lignes ne peuvent se rencontrer sans que de leur rencontre il ne résulte un angle. On trouve des angles à chaque pas sur le terrain.

68. Dans la pratique on considère le sommet d'un angle comme le centre d'un cercle, et l'on suppose que les deux côtés de l'angle pour le décrire se sont successivement éloignés l'un de l'autre, comme les deux aiguilles d'un cadran qui sont à midi. En effet, à midi les deux aiguilles sont l'une sur l'autre; mais bientôt la grande vient à 1, à 2, à 3 heures, et décrit un angle aigu qui augmente de plus en plus jusqu'à trois heures. Alors l'angle est droit.

Après trois heures, la grande aiguille décrit un angle obtus, qui devient de plus en plus grand.

C'est pourquoi la valeur ou la grandeur d'un angle s'énonce par le nombre des degrés et des minutes que contient l'arc compris entre ses côtés, et décrit ou supposé décrit du sommet comme centre.

Un angle droit comprend un arc de 90 degrés.

Tout angle aigu comprend un arc de moins de 90 degrés.

Tout angle obtus comprend un arc de plus de 90 degrés.

LEÇON XIV.

Du rapporteur et du graphomètre.

69. Pour construire et mesurer sur le papier des angles, on fait assez communément usage du rapporteur.

70. Pour construire et mesurer des angles sur le terrain, on fait assez communément usage du graphomètre.

DU RAPPORTEUR.

Construire et mesurer un angle sur le papier.

71. On appelle *rapporteur* un instrument représenté par la *figure* 26. C'est un demi-cercle de cuivre ou de corne divisé en degrés et demi-degrés lorsqu'il est assez grand pour que le demi-degré soit sensible.

72. Pour faire un angle de 45° ou de tout autre nombre avec cet instrument, il faut porter son diamètre DE sur la ligne donnée CE, en sorte que son centre C soit exactement sur le point C où doit être le sommet de l'angle; après quoi il faut compter sur la circonférence du rapporteur 45°, en commençant par l'extrémité du diamètre DE qui touche la ligne EC. On marquera un point en G sur le 45° avec une aiguille, et l'instrument étant levé, on tirera une ligne par le point C et par le point G, et l'on aura l'angle ECG de la grandeur demandée.

Cette manière de tracer un angle sur le papier est tolérable quand on ne tient pas à une exactitude rigoureuse: mais il faut remarquer que ce procédé, en général donné dans presque tous les traités, doit être considéré comme vicieux par ceux qui veulent tracer un angle dont l'arc comprend des demi-degrés et des minutes. (Voyez notre *Méthode d'arpentage, de division des terres, etc.*, 2e édition.)

On mesurera sur le papier un angle donné en posant le centre du rapporteur au sommet de l'angle donné, et en observant que le diamètre soit exactement sur l'un des côtés de l'angle; alors la partie de la circonférence du rapporteur comprise entre les deux côtés de l'angle donnera le nombre de ses degrés. Ce qui est évident.

Ce serait ici le lieu de parler de l'emploi du graphomètre. Comme l'usage de cet instrument exige des notions plus que primaires, nous renvoyons à notre *Méthode d'arpentage, de division des terres et de lever des plans*, 2e édition, chap. LXXI, pag. 189.

LEÇON XV.

DES SURFACES.

Des figures géométriques et de leur mesure.

73. Il faut au moins trois lignes pour renfermer une surface. Une surface terminée par trois lignes s'appelle *triangle* ou *trilatère*.

Triangle signifie figure à trois angles.

Trilatère, figure à trois côtés.

Une surface qui a trois angles a toujours trois côtés, et réciproquement.

74. (*Fig.* 41.) Le quadrilatère est une figure de quatre côtés. Le plus grand nombre des champs sont des quadrilatères.

75. (*Fig.* 34.) Le pentagone est une figure de cinq côtés. Une surface de cinq côtés est pentagonale.

76. (*Fig.* 33.) L'exagone est une figure de six côtés.

L'eptagone, de sept côtés.

L'octogone, de huit côtés.

L'ennéagone, de neuf côtés.

En général on appelle *polygone* une figure terminée par

plusieurs lignes droites. Dans ce sens, un triangle est un polygone de trois côtés.

77. Les polygones sont réguliers quand ils ont tous leurs angles égaux et tous leurs côtés égaux.

78. On distingue plusieurs sortes de triangles :

1° (*Fig.* 27.) Le triangle isocèle, qui a deux côtés égaux ;

2° (*Fig.* 28.) Le triangle équilatéral, qui a ses trois côtés égaux ;

3° (*Fig.* 29.) Le triangle scalène, qui a ses trois côtés inégaux ;

4° (*Fig.* 30.) Enfin, le triangle rectangle, qui a un angle droit. Dans ce triangle, le côté le plus grand AC opposé à l'angle droit, s'appelle *hypothénuse.*

79. Dans tout triangle on appelle base un des côtés, et hauteur la perpendiculaire abaissée du sommet de l'angle opposé à ce côté. Dans les *figures* 27, 28, 29, BC est la base du triangle, et la ligne AD en est la hauteur.

Dans le triangle rectangle, on prend indifféremment pour base et pour hauteur chacun des côtés de l'angle droit.

80. On distingue aussi plusieurs sortes de quadrilatères :

1° Le carré (*fig.* 31), qui a ses quatre côtés égaux et ses quatre angles droits;

2° Le rectangle ou carré long (*fig.* 32);

3° (*Fig.* 35.) Le parallélogramme, qui a deux côtés égaux et parallèles, deux angles aigus et deux angles obtus opposés deux à deux ;

4° (*Fig.* 36, 37 et 38.) Enfin, le trapèze, qui a deux côtés seulement parallèles.

Ces différentes surfaces sont appelées figures géométriques régulières, parce que leurs parties sont subordonnées l'une à l'autre. Le carré est la plus régulière de toutes.

LEÇON XVI.

De la mesure des figures géométriques régulières

81. Mesurer une surface, c'est chercher combien de fois elle contient une autre surface prise pour unité.

Vous savez que l'unité de superficie pour les terres est l'ARE, qui est un carré ayant dix mètres de côté. Ainsi, quand on arpente, on cherche à connaître combien une pièce de terre contient de carrés de la grandeur d'un are.

Mais remarquez que l'are ou carré de dix mètres de côté pourrait être lui-même mesuré par une unité plus petite, par un mètre carré, par exemple.

82. C'est pourquoi, si la *figure* 31 représentait un are, il nous serait facile de supposer que les petits carreaux sont des mètres carrés. Or, nous pouvons en compter dix posés l'un au-dessus de l'autre depuis D jusqu'à A; et comme chacun des côtés est formé de dix mètres, il y aura en tout sens dix fois dix mètres carrés ou 100 mètres carrés; d'où il suit que *la mesure du carré s'obtient en multipliant la base* AB *par la hauteur* BC.

Il est évident que multiplier une ligne par une autre, signifie faire le produit des unités comprises dans chaque ligne.

83. La mesure du rectangle (*fig.* 32) s'obtient en multipliant un des plus longs côtés AB, appelé base, par un des plus petits BC, appelé hauteur.

Prenant le mètre pour unité, et supposant que le rectangle en ait 20 de base et 5 de hauteur, si on élève des perpendiculaires par chaque point de division de la base et de la hauteur, le rectangle sera partagé en 5 fois 20 petits carrés ou 100.

84. Le parallélograme (*fig.* 35) étant égal au rectangle de même base et de même hauteur, se calcule en multipliant une des bases AB ou CD par la hauteur EF, qui est une perpendiculaire menée d'une base à l'autre.

85. Pour calculer la surface du trapèze (*fig.* 36, 37, 38), on additionne les deux lignes parallèles AC, BD, on en

prend la moitié, et l'on multiplie cette moitié par la hauteur AB, qui est une ligne perpendiculaire aux deux côtés parallèles. La raison en est, qu'en prenant la moitié des deux lignes parallèles, on ramène le trapèze à la forme de rectangle, comme le montrent les *figures* 36 et 37.

86. Le triangle (*fig.* 27, 28, 29, 30) étant la moitié, ou du carré, ou du rectangle, ou du parallélogramme de même base et de même hauteur, on en obtient la mesure de trois manières :

1° En multipliant la base par la moitié de la hauteur;

2° La hauteur par la moitié de la base;

3° La base par la hauteur, et divisant ensuite le tout par deux. Ces trois opérations donnent le même produit.

On appelle hauteur dans un triangle la perpendiculaire abaissée d'un des angles sur le côté opposé pris pour base.

87. Dans le triangle scalène (*fig.* 29), si la base est BC, la hauteur sera AD abaissée sur le côté BC prolongé.

Le prolongement CD n'est pas compris dans la mesure de la base.

88. Si de chacun des angles d'un polygone régulier (*fig.* 33) on mène des lignes au centre, le polygone sera décomposé en autant de triangles isocèles qu'il y a de côtés; c'est pourquoi *la mesure de tout polygone régulier s'obtient en multipliant la somme des côtés par la demi-perpendiculaire abaissée du centre sur l'un d'eux.*

OBSERVATIONS.

89. Puisque l'are vaut cent mètres carrés, le mètre est un centiare ou un centième d'are.

Le mètre carré vaut cent décimètres carrés. Le décimètre carré est donc la centième partie du centiare.

Il ne faut pas confondre le décimètre carré avec le dixième de mètre carré.

Un dixième de mètre carré est égal à 10 décimètres carrés.

Un centimètre carré est égal à un millième de mètre carré.

Ne confondez pas ces termes :

Décimètre carré et dixième de mètre carré ; centimètre carré et centième de mètre carré.

PRATIQUE DE L'ARPENTAGE.

LEÇON XVII.

Le terrain est irrégulier. Des limites du terrain.

A mesure que les hommes ont peuplé les différentes contrées, ils ont établi des voies de communication, c'est-à-dire des chemins d'un lieu à un autre. Ces divers chemins décrits, selon la ligne la plus commode, tantôt droits dans les plaines, tantôt courbes ou sinueux sur le bord des fleuves, des rivières, des bois, sur le flanc des montagnes, ont coupé le territoire en grandes superficies d'autant plus irrégulières, que les chemins étaient en ligne plus courbe et plus sinueuse; et comme dans les premiers temps les terres appartenaient de droit aux chefs des armées, aux seigneurs, aux ducs, aux comtes, aux marquis ou barons, on appelait duchés, comtés, baronies, les portions de terres comprises entre telle rivière, telle forêt, tels chemins, et sur lesquelles étaient bâtis le château des seigneurs ainsi que les maisons de leurs serviteurs. Ces maisons augmentant en nombre avec l'accroissement de la population, furent d'abord des métairies, des hameaux, puis des villages, puis des bourgs et quelquefois des villes.

Les villages, les bourgs et les villes eurent leurs terres, comme les duchés, mais avec cette différence que ces terres appartenaient non pas au seul seigneur, mais à plusieurs propriétaires. Ceux-ci les tenaient ou de la générosité du maître, ou en vertu d'une convention qui frappait ces champs d'une redevance (contribution) au profit du seigneur. Dès lors on détachait sur le territoire de la seigneurie la portion de terrain cédée; les héritiers de celui à qui l'on avait cédé se partageaient le patrimoine ou le vendaient; de là la distribution des terres par parties. Dans les contrées fertiles, dans les plaines, le terrain dont toutes les veines étaient indifféremment susceptibles de culture, se trouva divisé par des lignes droites aboutissant sur les chemins, afin que les produits fussent plus facilement enlevés ; mais dans les pays marécageux, on étudia les contours des marais, et les limites des diverses possessions champêtres affectèrent la forme sinueuse. Sur le bord des forêts dont le périmètre décrivait des lignes brisées ou zigzags, les champs voisins ressentirent dans leur forme l'influence de ces lignes brisées, et le dessin de ces champs présenta un contour anguleux (contour qui a beaucoup d'angles). Si nous considérons les contrées peu fertiles, nous penserons qu'on a, dans les premiers temps, recherché les portions de terre les plus susceptibles de culture; dès lors aucune combinaison de géométrie ne présidait au partage du territoire. On ensemençait telle partie parce que l'expérience y voyait du succès, et l'on abandonnait telle autre qui aurait demandé des amendements que l'art ne pouvait encore fournir. C'est pourquoi l'on peut observer que dans les pays où le terrain est ingrat, presque toutes les possessions champêtres sont des pièces de terre dont le contour est tout à fait irrégulier, offrant un mélange de lignes droites, brisées, et de lignes sinueuses. Par exemple, dans toute la Sologne et dans certaines parties du Berri, ce fait est constant. Dans la Beauce, le Gatinais, les environs de Paris, où le sol est heureux, les champs sont généralement séparés par des lignes droites.

Par la suite on a distingué dans le territoire du village de la commune certains cantons qu'on a désignés sous un nom emprunté au pays; ainsi on trouve Champtier, Terroir de *l'Ermitage*, de *la Source*, du *Vieux-Chêne*, parce que dans cette partie du territoire il existait un ermitage, une source, un vieux chêne.

Pour assainir les propriétés, on les entoura de fossés (1) où les eaux de pluie s'écoulaient; et afin que les troupeaux y fussent en sûreté, on planta sur le revers du fossé des haies formées d'arbustes épineux: ce furent des haies vives (2); ou bien, pour ne pas attendre l'accroissement lent de ces arbustes, on enfonça sur les limites des

(1) *Fossa ita idonea si omnem aquam quæ è cœlo venit.... bibit.* (Varro, lib. v, cap. 14.)

(2) *Viva sepes prætereuntis lascivi non metuet ardentem facem.* (Varro, ibid.)

pieux séparés par des intervalles : ce furent des haies mortes (1) ou haies de charniers. Autrement, quand on voulut être clos complétement dans ses propriétés, on les entoura de murs, et ces murs s'appelèrent murs de clôture (2).

Quand on ne voulut établir ni fossés, ni haies, ni murs, et qu'on voulut pourtant avoir une limite invariable de la propriété, on établit sur la ligne de séparation une ou deux grosses pierres appelés bornes. Enfin les champs n'eurent d'autres lignes de séparation que le sillon tracé plus profondément par la charrue. Cet usage de ne donner aux champs d'autres limites a prévalu en Flandre, en Picardie, en Beauce et dans tous les pays très cultivés. En effet les clôtures gênent parfois les opérations du labourage et occupent une surface qu'on peut employer plus utilement.

RÉSUMÉ.

90. Le terrain a été naturellement et dans le principe divisé par les chemins, les rivières, les marais et le bord des forêts.

L'utilité, la convenance, le hasard, ont seul présidé au partage des terres ; d'où il suit que l'on admet en pratique le principe général suivant :

Les surfaces agricoles doivent toujours être réputées irrégulières.

91. On appelle territoire d'une commune, un ensemble de terres déterminées et relevant de l'administration de cette commune. Les limites d'un territoire de commune sont le plus souvent des chemins, assez souvent des rivières, et quelquefois les uns et les autres. On appelle terroir ou champtier une certaine quantité de champs partant d'une même ligne et aboutissant toutes à une autre. Ces lignes de départ, d'arrivée, des longueurs de chaque champ d'un terroir ou champtier, prennent le nom de têtière ou sommier.

92. La longueur d'un champ s'appelle le réage du champ.

(1) *Secunda sepes est ex agresti ligno, sed non vivit.* (Varro, lib. v, cap. 14.)

(2) *Quartum sepimentum fabrile, è lapide.* (Ibid.)

On appelle aussi réage la direction commune à plusieurs champs (1).

93. Les limites des champs sont :

1° Les fossés;
2° Les haies vives ;
3° Les haies mortes ;
4° Les murs de clôture ;
5° Les bornes;
6° Le sillon profondément creusé.

LEÇON XVIII.

Des diverses espèces de terrain. Comment on en fait la reconnaissance.

94. Le terrain est horizontal ou incliné ; de libre accès ou enclos ; pénétrable ou impénétrable.

On appelle terrain horizontal celui qui n'est pas sensiblement incliné, comme celui d'une prairie et des plaines.

Le terrain incliné se trouve sur les pentes des collines ou sur le revers des montagnes.

Le terrain de libre accès est celui qui n'a aucune clôture.

Le terrain clos est celui qui est fermé par l'une des clôtures dont il a été question précédemment.

Enfin le terrain pénétrable est celui qu'on peut parcourir en tout sens; et le terrain impénétrable celui qu'on ne peut parcourir en tous sens : tels sont les marais, les étangs, les rivières, les bois, les champs de moissons à mâturité.

Nous nous occuperons d'abord du terrain horizontal, de libre accès et pénétrable. Quel que soit le champ que vous voulez arpenter, vous devez en arrivant sur le terrain en faire la reconnaissance, c'est-à-dire parcourir le périmètre ou circuit, et bien déterminer les limites. Dans cette reconnaissance, vous marquez chacun des angles avec des jalons, après quoi, vous plaçant au milieu de la pièce, vous en embrassez l'ensemble.

(1) Ces dénominations, admises en Beauce, portent quelquefois un autre nom dans les localités diverses.

Ce travail, qui peut être promptement fait, est indispensable, surtout pour ceux qui commencent, car souvent on est intimidé sur le terrain, où l'on ne peut agir comme sur le papier avec la règle et le compas.

LEÇON XIX.

ARPENTAGE DU TERRAIN HORIZONTAL, DE LIBRE ACCÈS ET PÉNÉTRABLE.

Arpentage d'un terrain sous la forme d'un triangle. (Fig. 40.)

95. Bien que le terrain soit presque constamment irrégulier, il n'est pas rare de rencontrer des champs de la forme du triangle. Quand deux chemins, par exemple, font la *fourche,* la superficie attenant à ces deux chemins alors qu'ils se rencontrent est un triangle. Voici comment on doit procéder pour le mesurer.

Si je suis libre de choisir le côté de base, je prends BC que je jalonne, puis je chaîne de B en D où j'ai abaissé du sommet A la perpendiculaire AD. Là je trace la figure du terrain sur un petit papier et je note de B en D 115^{m},25^{c}. Je mesure ensuite la perpendiculaire AD en partant de D. et je note sur le brouillon 88^{m},40^{c}, par exemple.

Je reviens au point D que jai marqué (avec un jalon), et je chaîne l'espace DC de 25^{m},48^{c}; cela fait, je calcule la surface en disant :

La base du triangle est 115^{m},25^{c} plus 25^{m},48^{c} = 140^{m},73 et la hauteur 88^{m},40^{c}.

Multipliant la base par la moitié de la hauteur.

Opération.

```
            140m,73c
             44, 20
          ------------
           2814  60
          56292
         56292
         ------------
Produit. . . 6220,26  60
```

J'ai 6220 mètres carrés, 2660 dix-millièmes de mètre carré.

Or, comme il faut cent mètres carrés pour faire un are, je divise 6220 par 100, et j'ai pour mesure du champ triangulaire 62 ares 20 centiares, la fraction de centiare étant négligée.

OBSERVATION.

96. Le dessin fait à peu près de la figure du terrain s'appelle *croquis*. Il est en général mieux de tracer le croquis à fur et à mesure que l'on opère.

Ecrire une mesure sur le croquis s'appelle *coter*, et le chiffre de la mesure est une cote.

97. Remarquez que l'on a ici à la base 73 centimètres et à la demi-hauteur 20 centimètres, c'est-à-dire que le multiplicande et le multiplicateur ont deux chiffres décimaux; c'est pourquoi il en faut séparer quatre sur la droite du produit, car vous avez appris, en étudiant l'arithmétique, que

Dans une multiplication de décimales, on opère comme sur les nombres entiers; mais l'on sépare sur la droite du produit autant de décimales qu'il s'en trouve et au multiplicante et au multiplicateur.

98. Remarquez aussi que vous pouviez prendre pour base le côté AB, alors la hauteur eût été une perpendiculaire abaissée du sommet C sur le prolongement de la base; mais dans le calcul on ne tient pas compte de la mesure de ce prolongement.

EXERCICE.

1° Un champ de forme triangulaire compte 275^m,25^c de base et 154^m,78^c de hauteur; quelle en est la superficie?

2° Un autre a 325^m,18^c de base et 185^m,52^c de hauteur; quelle en est la superficie?

3° *Dessiner le plan du champ triangle.* Quand on dessine sur le papier le plan d'une figure champêtre au moyen des meures prises sur le terrain, ce travail s'appelle *rapporter*.

Pour faire le *rapport* d'un terrain il faut avoir : 1° une échelle de proportion (*voy.* pag. 23); 2° un compas d'assez bonne qualité; 3° un crayon taillé en biseau; 4°

une règle bien dressée; 5° un tire-ligne qu'on peut à la rigueur remplacer par une plume métallique; 6° se servir d'une table aussi unie que possible, et mieux encore, avoir une planche varlopée et à cet usage.

Soit le champ triangle (*fig*. 40) à rapporter.

Je trace au crayon d'abord une droite indéfinie BC, puis comptant sur le croquis où j'ai inscrit les mesures du terrain de B en D 115m,25c, je prends sur l'échelle que j'ai adoptée une ouverture de compas de 115m,25c. Si l'échelle est très réduite, on est souvent obligé de négliger les décimales. Après avoir marqué très légèrement avec l'une des pointes du compas le point D, au lieu de prendre sur l'échelle une ouverture de 25,48 pour fixer le point C, j'ajoute 115m,25c plus 25m,48c = 140m,73c, puis on prend sur l'échelle une semblable ouverture de compas; le point que l'on pique est le point C.

Cette manière de rapporter plusieurs points différents sur une même ligne, qui évite des erreurs de rapport, s'appelle *cumuler les cotes*.

Au point D, j'élève indéfiniment (55) la perpendiculaire AD, sur laquelle je porte avec le compas 88m,40c pris sur l'échelle. J'obtiens le point A, duquel je trace, à la règle, les côtés AB, AC du triangle ABC; puis, si l'on veut avoir un trait de consistance, on passe à l'encre de Chine, et à défaut, à l'encre ordinaire, les trois côtés de la figure rapportée.

Cette seconde opération s'appelle *mise au trait*. Le trait doit couvrir exactement les points de la ligne et être d'une grande pureté. Après la mise au trait, on efface la perpendiculaire qui est une ligne de construction.

1re REMARQUE. L'on voit que rapporter une figure n'est autre chose que faire sur le papier une opération semblable à celle que l'on a faite sur le terrain.

Au lieu de tracer la base avec des jalons, on la trace à la règle.

Au lieu de mesurer les distances à la chaîne, c'est au compas.

Enfin au lieu de l'équerre d'arpenteur, c'est l'équerre de bois qui sert à élever les perpendiculaires.

2e REMARQUE. N'oubliez jamais qu'au moyen de la perpendiculaire à la base BC vous fixez le point A à la place qu'il doit occuper; et remarquez qu'en ayant les deux points d'une ligne AB, AC, on peut toujours tracer cette ligne dans la position qui lui convient.

3e REMARQUE. Toutes les figures qui suivent peuvent être rapportées et mises au trait de la même manière. Vous devrez vous exercer à les dessiner dans des proportions plus grandes.

LEÇON XX.

DU QUADRILATÈRE.

Arpentage du quadrilatère oblong.

99. Le quadrilatère oblong est celui qui a plus de longueur que de largeur. Presque tous les champs des pays agricoles sont des quadrilatères; au premier coup d'œil, on les pourrait juger trapèzes, parce que leurs lignes de longueur semblent parallèles; mais il est tout à fait rare d'en trouver qui aient deux côtés parallèles.

Je suppose que l'on ait à arpenter un champ représenté par la *fig.* 41. Si la ligne AB n'est pas régulièrement tracée par la charrue, on la jalonne selon ce qui a été dit (Leçon III, nos 12 et suiv.) pour la faire servir de base.

On commence par chaîner jusqu'au point où l'on suppose que peut tomber une perpendiculaire abaissée de l'angle D sur la base AB, puis avec l'équerre ou le graphomètre on abaisse la perpendiculaire DG, et l'on a formé le triangle rectangle ADG; on achève de mesurer de A en G, l'on cote le chiffre sur le brouillon : je suppose ici 11m 40c. Ensuite on chaîne la hauteur qui se trouve être de 46m 50c; on mesure ensuite depuis G jusqu'au point où l'on pense que devra tomber à peu près la perpendiculaire CE; là, on abaisse cette perpendiculaire qui, étant chaînée, donne pour mesure 40m,20c; on la cote, puis on poursuit en chaînant la distance EB, que l'on cote 10m,00c.

RÉSUMÉ.

100. Remarquez que :

1° Le quadrilatère, par ce travail, se trouve décomposé en trois figures, dont deux triangles rectangles, un à chaque extrémité, et un quadrilatère au milieu.

2° Ce quadrilatère est un trapèze. En effet, les deux perpendiculaires à la base AB sont deux parallèles. On doit établir le cacul ainsi :

N° 1. *Triangle.*

Multipliant la hauteur.	40 20
par la moitié de la base.	5 00
	201 0000

N° 2. *Trapèze.* Additionnant les deux lignes parallèles, nous avons 86^{m},70^{c}, dont la moitié est 43^{m},35^{c}.

Hauteur.	119, 76
Demi-somme des lignes parallèles.	43, 35
	598 80
	3 592 8
	35 928
	479 04
	5191,59 60

N° 3. *Triangle.* Hauteur.	46 50
Demi-base.	5 70
	32 5 5
	232 5
	265,0 500

RÉSUMÉ.

N° 1.	201$^{m.ca}$	.0000
N° 2.	5191	5960
N° 3.	265	0500
	5657 ,	6460

Ainsi, une superficie qui aurait les proportions de la *figure* 41 contiendrait 5657 mètres carrés, 6460 dix-millièmes de mètre carré. Cette fraction représentant plus de la moitié de l'unité, on peut dire 5658 mètres carrés et faire disparaître les décimales. Or, comme l'on sait que 100 mètres carrés font un are, il y a donc ici 56 ares 58 centiares.

OBSERVATIONS.

101. 1re OBSERVATION. *Le plus ordinairement dans un quatrilatère* (fig. 41) *lorsqu'on trouve deux angles obtus aux extrémités d'une même ligne* DC, *les angles opposés sont aigus, et la ligne* AB *étant par conséquent la plus longue, elle doit être prise pour base de l'opération.* En effet, si l'on choisissait pour base la ligne DC, on serait forcé de la prolonger du côté de D et du côté de C afin d'abaisser les perpenciculaires qui formeraient les trapèzes, puis il faudrait par deux opérations retrancher les petits triangles formés extérieurement. Or, en général, il est mieux que dans une opération on ne sorte pas des limites de la surface, et puis plus une base est longue, plus elle est sûre.

102. 1re REMARQUE. Il arrive assez souvent qu'on est obligé, par la forme du terrain, d'emprunter un triangle sur la surface voisine; c'est pourquoi :

2e OBSERVATION. *Lorsque dans un quadrilatère l'on est forcé de prendre pour base* DC (fig. 41) *un des côtés rencontré à ses extrémités par des obliques formant avec cette base des angles obtus, les perpendiculaires abaissées du sommet des angles opposés tombent sur le prolongement de la base en dehors de la figure, et après avoir un calculé trapèze compris entre les deux perpendiculaires, on déduit les deux triangles empruntés pour la construction du trapèze.*

103. 3e OBSERVATION. *Lorsque plusieurs quadrilatères* (fig. 42) *sont contigus, rapprochés, et qu'il sont séparés par des lignes dont le parallélisme semble très probable, on peut les arpenter par une seule opération en procédant ainsi :* Prenez CD pour base et abaissez du sommet des angles obtus A,B les perpendiculaires AF, BE, ces lignes couperont les quadrilatères en H, en G, en I et en J.

C'est pourquoi, l'on aura des trapèzes aux extrémités des numéros 1 et 2 et des triangles aux extrémités du numéro 3. La longueur FE est commune aux trois surfaces. Ainsi, pour calculer le champ n° 1, j'ai pour trapèze le milieu GFEJ; j'additionne les lignes $12^m,40$ et $12^m,30$, qui sont des lignes parallèles; j'en prends la moitié, et je multiplie $172^m,20$ par cette moitié. Ensuite, ayant ajouté les lignes parallèles $9^m,40$ plus $12^m,30$ du trapèze LGFC, je calcule cette figure selon les règles données (85); j'opère semblablement pour l'autre extrémité ED, et je fais la somme du produit des trois figures.

Les numéros 2 et 3 se calculent de la même manière, en ayant soin de donner $172^m,20^{cm}$ aux lignes GJ, HI qui sont comprises entre deux parallèles.

104. REMARQUE. Cette manière d'opérer sur plusieurs quadrilatères contigus n'est admissible qu'autant que les quadrilatères sont étroits, car on suppose dans les lignes un parallélisme qui n'existe réellement pas. Elle offre l'avantage d'arpenter plusieurs champs en masse (à la fois) et en détail par une seule opération. En effet, l'on peut supposer la *fig.* 42 être une seule surface ABCD décomposée en trois figures, milieu, trapèze AFEB, extrémités, triangles rectangles AFC, BED.

EXERCICE.

1° Calculez chacun des quadrilatères et faites la somme de leur superficie; 2° calculez les trois en les considérant comme une seule superficie; 3° dessinez le plan des champs représentés par les *fig.* 41 et 42.

LEÇON XXI.

Arpentage des champs quadrilatères dont les quatre côtés sont à peu près égaux.

105. Les procédés décrits dans la leçon précédente peuvent être appliqués avec succès dans les quadritères dont les côtés sont à peu près égaux, deux à deux; mais comme dans ces superficies, surtout si elles sont grandes les perpendiculaires abaissées sur l'un des côtés pris pour base seraient un peu longues et qu'il faudrait les jalonner pour les mesurer, vous opérez en vous aidant des principes suivants.

RÉSUMÉ.

106. Toutes les fois que dans un quadrilatère (*fig.* 43) on tire une ligne d'un angle à un autre angle opposé, on partage la superficie en deux triangles, dont la forme varie selon le périmètre de la surface.

Cette ligne AB, comme toutes celles tirées d'un angle à un autre dans un polygone, s'appelle *diagonale.*

Pour arpenter les quadrilatères dont les quatre côtés sont à peu près égaux, on tire une diagonale par les deux angles les plus distants l'un de l'autre; l'on a deux triangles que l'on mesure d'après les principes établis Leçon XIX.

OBSERVATIONS.

La diagonale étant menée par les deux angles les plus distants, devient la plus longue ligne qu'on puisse tracer dans la surface; c'est pourquoi on doit la préférer. En général, il faut, autant que possible, faire en sorte que la base ou ligne directrice s'étende dans toute la longueur de la surface.

La diagonale s'établit comme toutes les autres lignes tracées sur le terrain; on plante un jalon en A, puis un autre en B, ce qui fixe les deux points extrêmes; ensuite un point arrière étant choisi, on suit ce qui a été enseigné Leçon III.

Basé sur la diagonale, on cherche avec l'équerre les deux perpendiculaires CE, DF, puis on chaîne les distances.

Pour économiser le temps, en partant du point A on mesure à peu près jusqu'au point où l'on suppose que devra tomber la perpendiculaire CE (hauteur du triangle n° 1). Cette perpendiculaire étant trouvée, on la mesure et on la cote comme nous l'avons indiqué; on poursuit jusqu'en F, où l'on abaisse la perpendiculaire DF (hauteur du triangle n° 2).

107. REMARQUE. Nous avons vu que la mesure du triangle s'obtient en multipliant la base par la demi-hauteur. D'après ce principe, il est possible de ne faire qu'une seule opération de calcul dans l'exemple proposé, *ajou-*

ter les deux hauteurs* CE, DF, *puis en prendre la moitié et multiplier la base* AB *par cette moitié.

Base	158, 25
	66, 40
	97, 30
	321, 95 à multiplier.

Hauteur { 110, 125

Par $117^{m},50^{c}$, moitié de 235

EXERCICE.

1° Dire quelle est la contenance de la superficie, en hectares, ares et centiares; 2° dessiner le plan du champ représenté par la *fig.* 43.

LEÇON XXII.

Moyen de vérifier l'opération d'arpentage des quadrilatères par la diagonale.

108. Si vous observez la *figure* 43, il vous est évident que, par la diagonale et les deux perpendiculaires, le quadrilatère se trouve partagé en quatre triangles rectangles. Si vous vouliez faire la preuve que les mesures ont été bien prises, il vous faudrait procéder comme on va bientôt l'énoncer. On appelle ***hypothénuse du triangle rectangle,*** le côté le plus long AB opposé à l'angle droit (*fig.* 39). **Dans** tout triangle rectangle, le carré fait sur l'hypothénuse est égal à la somme des carrés sur les deux autres côtés.

Carrer une ligne, c'est faire un carré dont les côtés aient la dimension de la ligne.

Carrer un nombre, c'est multiplier par lui-même ce nombre.

On peut carrer le nombre de mètres et de centimètres compris dans une ligne. Si l'on carre le côté BC de 20 mètres, et le côté AC de 30 mètres, et si l'on ajoute ces deux carrés, et qu'on fasse l'extraction de la racine de leur somme, cette racine sera de la longueur de l'hypothénuse AB, ou 36^{m},05 ^{c}.

On appelle *racine* le nombre qui, multiplié par lui-même, donne le carré.

Nous supposons que l'élève a vu en arithmétique l'extraction de la racine carrée. Dans le cas contraire, l'instituteur exercerait les élèves sur ce travail.

Voir *Arithmétique des jeunes Garçons*, par Gillet-Damitte, ou tout autre ouvrage sur cette matière. Voyez aussi notre *Méthode d'arpentage et de division des terres*, page 14, première et deuxième édition.

Appliquant ce principe à la *figure* 43, nous dirons :

Les longueurs AE, EC sont exactes, si la somme de leurs carrés est égale au carré du côté CA, hypothénuse d'un des quatre triangles rectangles.

Il en sera de même des autres longueurs concourant à former les trois autres triangles rectangles de la figure, si la somme des carrés des côtés de l'angle droit est égale au carré des lignes extérieures CB, BD, DA, qui sont des hypothénuses.

RÉSUMÉ.

Pour vérifier l'arpentage des quadrilatères opérés par la diagonale, on chaîne le contour de la pièce de terre, puis on fait la somme des carrés des côtés de l'angle droit dans chaque triangle rectangle, puis on compare cette somme au carré de chaque hypothénuse.

L'opération est exacte si ces nombres sont à peu près égaux.

OBSERVATIONS.

110. Nous avons dit que l'opération est exacte si les nombres sont à peu près égaux. En effet, il est impossible, en pratique, de mesurer avec assez de précision pour parvenir à un résultat parfait; et il est certain que le même operateur chaînant une ligne plusieurs fois avec les mêmes précautions, n'obtiendra jamais des nombres égaux. Chaque fois il aura des différences plus ou moins légères.

Remarque. L'arpentage par la diagonale s'emploie souvent ; il faut donc s'y exercer.

EXERCICE.

Faites sur le terrain la vérification des mesures d'un champ semblable à la *figure* 43, et dessinez-en le plan.

LEÇON XXIII.

Arpentage des champs pentagones.

Les pentagones sont des figures de cinq côtés. On ne rencontre pas sur nature des pentagones réguliers, mais il en existe dont l'irrégularité varie, et à laquelle on ne peut attribuer généralement d'autres causes que celles qui ont été données Leçon XVII.

Le pentagone dont la forme est la plus ordinaire est celui que représente la *figure* 44. Il est produit par un changement de direction dans le réage des champs dont le sommier commence au sommet de l'angle B.

RÉSUMÉ.

Le pentagone, tel qu'on le rencontre ordinairement dans les champs, est de deux genres : il est oblong (plus long que large), ou il paraît être à peu près aussi large que long.

Dans ces deux cas (*fig.* 44), pour l'arpenter, il faut jalonner la diagonale AC. Par ce fait, la figure est partagée en deux surfaces dont l'une est un triangle ABC, l'autre un quadrilatère ACDE.

On calcule séparément chaque figure, et la somme de leurs superficies est la superficie totale du pentagone.

Le triangle se calcule d'après les règles données Leçon XIX.

Et, pour calculer le quadrilatère, on suit pareillement les règles données Leçons XX et XXI.

OBSERVATIONS.

Si le pentagone est oblong, le quadrilatère donné par la diagonale AC est aussi oblong. C'est pourquoi, en le calculant, on suit la règle des quadrilatères oblongs. (Leçon 20.)

Si le pentagone est plus large que long, le quadrilatère participe de la même nature, et s'arpente par la diagonale, comme on le voit dans la *figure* 45, etc. (Voy. nº 106.)

EXERCICE.

1º Faites le calcul de la superficie du pentagone (*fig.* 45), d'après les cotes établies; 2º faites-en aussi le dessin.

LEÇON XXIV.

Arpentage des champs hexagones en hache.

111. De même que les possessions champêtres, qui, comme nous l'avons dit, sont le plus communément des quadrilatères, affectent quelquefois la forme de pentagone, de même on en trouve aussi qui ont six côtés, et sont par conséquent des hexagones.

De toutes les figures de six côtés, il en est une (*fig.* 46) qui se reproduit constamment avec la même forme, et que l'on nomme vulgairement *hache*, à cause de sa ressemblance avec la lettre de l'alphabet qui porte ce nom. Bon nombre de cultivateurs et d'habitants de la campagne s'imaginent qu'il est extrêmement difficile de mesurer une surface de cette forme; c'est une erreur qui doit tomber devant les principes que nous allons poser.

RÉSUMÉ.

112. L'hexagone hache a toujours un angle rentrant B. On appelle ainsi l'angle qui a son sommet tourné du côté de la figure.

Si l'on prolonge le côté **AB** de l'angle rentrant jusqu'à la rencontre du côté **DE**, l'hexagone sera partagée en deux quadrilatères. Suivez alors, pour faire le calcul de chacun de ces quadrilatères les règles données précédemment (Leçon XX et XXI), et puis ajoutez chaque produit, et leur somme sera la superficie de l'hexagone.

OBSERVATIONS.

113. Fidèles à ce qui a été prescrit, vous devez, pour arpenter un terrain de cette forme, en faire la reconnaissance, et marquer avec des jalons tous les angles. C'est pourquoi vous en mettez au sommet **A** et au sommet **B**. Pour prolonger le côté **AB**, il vous suffit donc d'aligner dans la direction d'**A** et de **B** le jalon **G** sur la limite **DE**. Cela fait, vous n'avez plus qu'à appliquer les règles qui conviennent au calcul des quadrilatères.

114. Remarquez qu'autant que vous le pouvez vous devez préférer le procédé enseigné pour les quadrilatères oblongs, parce qu'il vous ménage la facilité de dessiner le plan de la figure. Si vous adoptez ce procédé, vous aurez le côté **DGE** qui servira de base aux deux quadrilatères, et dans la *figure* 46 le terrain sera analysé ainsi :

Quadrilatère **ABGEF**,	n° 1, triangle,
	n° 2, trapèze,
	n° 3, petit trapèze.
Quadrilatère **BCDG**,	n° 1, triangle,
	n° 2, trapèze,

y compris le triangle n° 3.

Le n° 3, triangle, ayant été compris dans la trapèze n° 2, ne doit pas être calculé.

EXERCICE.

1° Faites le produit en ares et centiares de la superficie (*fig.* 46); 2° dessinez aussi cette figure.

LEÇON XXV.

Arpentage des champs sous la forme de polygone irrégulier.

115. On appelle polygone irrégulier celui dont les côtés et les angles sont inégaux. D'après cette définition, l'on devrait appeler polygones irréguliers les deux figures dont il vient d'être traité; mais nous réservons ce nom aux champs dont le contour en ligne droite, est formé de lignes inégales, et qui n'ont aucune ressemblance entre eux.

RÉSUMÉ.

116. Pour faire l'arpentage d'un polygone irrégulier ABCDEFG (*fig.* 47), on mène une ligne droite dans la plus grande dimension. Cette ligne servant de base, on y abaisse de chacun des angles des perpendiculaires qui décomposent le terrain en triangles et en trapèzes; on calcule séparément chacune de ces figures, et la somme est la totalité de la superficie.

OBSERVATIONS.

Il est évident que pour calculer le trapèze G*def*F, il faudrait faire la somme des longueurs *de*, *ef*, qui, prises ensemble, font la hauteur de ce trapèze. On doit aussi remarquer que, quand même la base AD n'aurait pas chacune de ses extrémités au sommet d'un angle, l'opération serait bonne si, d'ailleurs, quelle que soit la position de cette base, le terrain est décomposé en triangles et en trapèzes, qui s'y rattachent.

EXERCICE.

1° Donnez la contenance en hectares, ares et centiares de la *figure* 47 ; 2° dessinez cette figure.

EXERCICE SUR LE TERRAIN.

Choisissez un champ qui ressemble à la figure, et décomposez-le pour le calculer.

LEÇON XXVI.

Arpentage du terrain enveloppé par des lignes courbes.

De tous les champs terminés par des lignes courbes, les plus simples sont ceux dont la surface est formée d'une ligne droite et d'une ligne courbe (*fig.* 48).

RÉSUMÉ.

117. Quand une surface agricole est terminée par une ligne droite et une courbe AeB, pour la calculer on abaisse de différents points *b*, *e*, *g* de la courbe des perpendiculaires *ba*, *ef*, *gh* sur le côté AB pris pour base; l'on obtient des triangles et des trapèzes dont la somme des superficies est la superficie totale.

OBSERVATIONS.

118. L'opération ci-dessus consiste à décomposer la courbe en un certain nombre de portions de lignes droites. C'est pourquoi le calcul devrait être d'autant plus exact, qu'il y aurait un plus grand nombre de perpendiculaires abaissées; car, plus on suppose de coupures dans une courbe, plus chaque partie de cette courbe se rapporte à la ligne droite. Cependant on ne doit multiplier les perpendiculaires qu'avec un certaine réserve; car si, d'une part, il y a utilité apparente de couper la courbe, il y a danger véritable de faire des erreurs dans les opérations de détail, lorsque ces opérations sont trop répétées.

119. Ce principe est applicable aux quadrilatères oblongs, dont le côté DC, opposé au plus grand côté AB, est une courbe (*fig.* 49).

120. Enfin, si le quadrilatère (*fig.* 50) fermé d'un côté par une ligne courbe AB est d'une largeur assez considérable (n'est pas oblong), on tire avec des jalons une ligne droite de l'un des points de la courbe à l'autre; on a alors intérieurement un quadrilatère rectiligne q u

se calcule selon les règles données (Leçons XX et XXI), et une autre figure qui se calcule d'après le principe précédent (117).

EXERCICE.

Donnez la contenance de la *figure* 48 en hectares, ares et centiares. Donnez aussi la contenance de la *figure* 49, en ayant soin de déduire le triangle **BeC** qui n'est que de construction. Donnez aussi la contenance de la *figure* 50.

Cherchez un champ qui ait à peu près la forme de la *figure* 50, et faites-en l'arpentage. Surtout faites-en le dessin très exact.

LEÇON XXVII.

Arpentage du quadrilatère fermé par une ligne courbe et une ligne sinueuse.

Après les trois formes que nous venons d'exposer des champs terminés par des lignes courbes, ceux que l'on rencontre sont les quadrilatères fermés par une ligne courbe et une ligne sinueuse.

RÉSUMÉ.

121. Quand un quadrilatère a une ligne courbe **CE** et une ligne sinueuse **CA** (*fig.* 51), on abaisse sur la base **AB**, d'un point **C** choisi à volonté, la perpendiculaire **CD**, que l'on jalonne. Prenant ensuite cette même ligne **CD** pour base, on abaisse des points les plus marqués de la ligne sinueuse d'autres petites perpendiculaires qui forment des triangles et des trapèzes; du reste on opère comme il a été prescrit.

OBSERVATIONS.

122. C'est ainsi que l'on procède pour l'arpentage de ces sortes de quadrilatères lorsqu'ils sont oblongs. S'ils se trouvent dans le cas dont il a été parlé (120), on suit la règle donnée, c'est-à-dire qu'après avoir tiré la

ligne CD, on mène une droite du point C au point E, et l'on a un quadrilatère intérieur, plus deux parties qui doivent être arpentées d'après le principe de la *figure* 48. (Voyez n° 117.)

EXERCICE.

Donnez la contenance de la figure en hectares, ares et centiares; choisissez sur le terrain une figure semblable, et arpentez-la.

LEÇON XXVIII.

Arpentage du quadrilatère ayant deux courbes opposées l'une à l'autre.

Si vous prenez la peine d'observer les champs qui sont limités à chaque bout par des chemins sinueux, vous remarquerez que plusieurs quadrilatères ont la forme de la *figure* **52**; il arrive, en outre, que certains cantons ont leur terrain distribué en lignes courbes.

RÉSUMÉ.

123. 1° Lorsqu'un quadrilatère oblong a deux courbes (*fig.* 52) ABC, DEF à ses extrémités, pour l'arpenter, on élève des perpendiculaires aux points C et D. Le milieu de la figure est un *trapèze*, *les portions* ABC, DEF *sont calculées d'après le principe de la Leçon* XXVI.

124. 2° ***Quand un quadrilatère oblong*** (fig. 53) ***a deux lignes courbes opposées*** AB, CD, ***qui suivent à peu près la même direction, on en obtient la contenance en multipliant la longueur du milieu par la demi-somme des largeurs*** EF, GH, ***prises aux extrémités.***

OBSERVATIONS.

Ce dernier principe est applicable, sans aucun inconvénient, dans les champs très longs et très étroits; mais, lorsqu'ils ont une largeur assez considérable, on tire (*fig.* 54) la base AB, et l'on décompose le terrain comme la figure l'indique.

Observez que cette décomposition se rapporte aux principes de la Leçon XXVI.

125. Il arrive quelquefois que le terrain est circonscrit entièrement par une ligne courbe (*fig.* 55). Dans ce cas on tire successivement les droites AB, BC, CD, DA; l'on a un quadrilatère ABCD qu'on arpente par la diagonale; les quatre autres portions sont calculées d'après le principe du n° 117.

EXERCICE.

Cotez à volonté (coter c'est écrire une mesure) les lignes de décomposition, et faites le calcul des quatre figures d'après les cotes, et dessinez ces quatre figures. Il peut arriver que, les cotes n'étant pas en proportions avec le modèle, vous n'obteniez pas une figure parfaitement semblable à la *figure* 55.

EXERCICE SUR LE TERRAIN.

Cherchez des champs qui aient à peu près la forme que nous indiquons ici, et faites-en successivement l'arpentage, puis le dessin.

LEÇON XXIX.

Des terrains enclos et des constructions.

Lorsqu'on entre dans un terrain clos de murs ou de haies, pour l'arpenter on éprouve deux difficultés principales :

1° Il n'est pas facile de tracer la base d'opération, puisqu'on est resserré sans pouvoir sortir ;

2° On ne peut, pour compléter une figure, emprunter une portion du terrain voisin.

Quoi qu'il en soit, quand on s'est exercé sur le terrain non enclos, on a acquis une certaine habitude qui fait imaginer les moyens les plus simples pour arriver à un résultat exact.

RÉSUMÉ.

126. 1° Dans un enclos (*fig.* 56), les lignes de *base* ou de *direction* sont tirées par deux personnes, dont l'une, ayant trouvé avec l'équerre en tâtonnant, sur la ligne AC, DF, un point quelconque, *a* par exemple, correspondant au point de chaque extrémité, tient l'œil dans l'alignement, tandis que l'autre plante un ou plusieurs jalons intermédiaires. Cela fait, on continue de tracer la ligne comme les autres lignes droites (12). 2° Pour éviter les emprunts de terrain dans l'arpentage d'une propriété close, les quadrilatères sont presque toujours arpentés par la diagonale (106).

OBSERVATIONS.

Soit le terrain clos représenté par la *figure* 56. Il est évident que pour en obtenir la superficie, il faut le partager en deux quadrilatères ABCD et DEFG. Il n'est pas moins évident que si l'on prenait pour base une ligne parallèle à AB afin de décomposer le quadrilatère, en abaissant des points A, D, B sur cette base des perpendiculaires, on serait forcé de sortir alors à gauche de A et à droite de B et de D, ce qui serait impossible.

A moins que le mur de clôture ne soit mitoyen, il faut en mesurer toute l'épaisseur et la comprendre dans les cotes. Si le mur est mitoyen, il n'en faut prendre que la moitié de l'épaisseur.

127. Remarque. Dans les constructions, qui d'ordinaire, si on les compare aux possessions champêtres, sont de petites dimensions, les directrices se tracent au cordeau et les perpendiculaires s'obtiennent par le procédé exposé (57). La *figure* 57 indique les perpendiculaires obtenues par ce procédé très facile.

EXERCICE.

1° Cotez et calculez la superficie de la *figure* 56, et donnez-en la contenance en ares et en centiares.

2° Faites-en le rapport d'après l'échelle de proportions.

3° Faites l'arpentage d'un jardin quelconque.

LEÇON XXX.

Terrains impénétrables.

Les terrains impénétrables sont ordinairement les mares, les étangs, les bois, les récoltes à maturité.

Soit à arpenter l'étang ou la mare représentée par la *figure* 58.

Sur l'un des plus grands côtés, je trace la ligne droite indéfinie AB, des points A et B j'élève les perpendiculaires AE, BD, passant par un point C et F qui rasent la figure en C et en F.

Je jalonne ces deux perpendiculaires, et du point de l'une d'elles j'élève la perpendiculaire DE, de manière qu'elle touche le contour en un point quelconque ou qu'elle en approche le plus possible.

Par ce travail, le terrain se trouve enfermé dans une figure qu'on appelle rectangle; et si l'on multiplie la base AB par la hauteur, l'on aura la superficie du terrain, après avoir toutefois soustrait les figures de constructions qui ne sont qu'empruntées. De là la règle suivante.

RÉSUMÉ.

128. Pour arpenter un terrain impénétrable, on enveloppe la superficie dans dés lignes qui forment un rectangle que l'on calcule; on déduit ensuite le terrain qui a été compris dans ces lignes; ce qui reste est la superficie du terrain impénétrable.

OBSERVATIONS.

1° Il est important, pour faire une opération exacte, d'élever avec un grand soin les perpendiculaires.

2° On vérifie l'opération en comparant, deux à deux, la mesure de chacune des bases parallèles et des hauteurs du rectangle.

3° Par le tracé des lignes enveloppantes, on a à calculer, pour le soustraire, un terrain qui doit être décomposé d'après les principes de la Leçon XXVI.

LEÇON XXXI.

Arpentage du terrain incliné.

129. Dans un terrain incliné (*fig.* 59), la ligne AB que l'on décrit en descendant ou en montant s'appelle *pente*, *talus* ou *rampe*.

Comme les plantes croissent verticalement, comme aussi un terrain incliné est d'un labour plus difficile, on n'évalue pas ordinairement les champs en pente d'après leur étendue réelle, mais d'après leur *superficie productive*. On appelle ainsi la surface qu'il serait possible de décrire, si de chaque extrémité des lignes du champ incliné tombaient de petits plombs qui pussent marquer des points distincts sur une étendue bien unie, comme une eau dormante. La *superficie productive*, qu'on appelle aussi projection horizontale, est comprise, dans la *fig.* 59, entre les points BDEF. La ligne BF prend le nom d'horizontale, parce qu'elle est de niveau ; la ligne AF, que l'on suppose décrite par la chute d'un petit plomb sur l'horizontale, est appelée *verticale*.

Cela posé, nous dirons qu'on emploie deux méthodes pour mesurer un champ incliné. 1° On considère le terrain sans faire attention à la pente, on en mesure toute l'étendue, tout le développement ; c'est la méthode de développement. Cette méthode n'a égard ni à la pente, ni à la *superficie productive*. 2° L'on chaîne la pente en tenant la chaîne d'une manière horizontale ; c'est pourquoi, si l'on mesure en descendant, celui qui marche le premier doit faire en sorte d'élever la main convenablement ; si l'on mesure en montant, c'est celui qui marche le dernier qui prend ce soin. Comme, par ce procédé, la pente est coupée par portion de ligne horizontale, cette manière d'opérer s'appelle *méthode de cultellation*. On doit l'employer si le terrain est très incliné, parce que plus la pente est rapide, moins est grande la *superficie productive*.

RÉSUMÉ.

On doit considérer dans le terrain incliné trois sortes de lignes :

1° La pente AB ou CD, *figure* 59 ; 2° la verticale AF ; 3° l'horizontale BF ou DE.

Comme les végétaux croissent verticalement, un champ incliné ne produit ordinairement qu'en raison de la portion de terrain horizontal qu'il renferme. C'est la superficie productive.

Pour l'obtenir, le plus ordinairement, on mesure la pente du terrain en tenant constamment la chaîne de niveau.

Cette méthode est la méthode de cultellation.

Quelquefois, quand la pente est peu sensible, on mesure le terrain tel qu'il se présente. C'est la méthode de développement.

OBSERVATIONS.

1° Quelle que soit celle des deux méthodes que l'on admette (celle de cultellation est préférable), l'on décompose le terrain d'après les principes précédemment établis.

2° Si l'on veut tracer une ligne droite dans le sens de la pente, il faut, pour les raisons données (15), multiplier les jalons.

EXERCICE.

Choisir un terrain incliné, en pratiquer l'arpentage par les deux méthodes et comparer les résultats.

LEÇON XXXII.

Nivellement.

(*Figure* 60.) Soit la pente AB d'un terrain quelconque ; si, 1° l'on détermine la différence de hauteur entre le point A et le point B, et si, 2° l'on enlève les terres comprises entre les trois lignes AB, AD, BD, on fera le nivellement de ce terrain.

Pour déterminer la différence de hauteur entre deux points, on a deux règles assez épaisses, d'environ deux mètres de longueur ; on place sur champ la première AC, puis au point B la seconde BC. Sur la première AC, on place un niveau dont les charpentiers, les menuisiers et les maçons font continuellement usage ; et l'on hausse ou l'on baisse la règle jusqu'à ce que le petit fil à plomb EF soit fixé sur la petite fente qui marque le milieu de l'instrument.

On compte alors le nombre de mètres et de parties de mètre compris dans la longueur AC. On compte pareillement le nombre de mètres et de parties de mètre compris dans la hauteur BC.

Si l'on trouve, par exemple, que BC soit de $1^m,75^c$, on a la différence de hauteur entre A et B.

Il est évident que AC, horizontale, est égale à BD, qu'on suppose située *sous le terrain.*

Il est aussi évident que la verticale BC est égale à AD, qu'on suppose formée par la trace d'un plomb ayant glissé de A sur BD. Si le nivellement ne peut s'opérer par une seule portée, on mesure d'abord (*fig.* 61) CD, puis EF, puis GB ; on additionne les trois mesures obtenues, et la somme de ces trois portées verticales est égale à la ligne AH, comme la somme des trois portées horizontales AC, DE, FG est égale à BH.

Si l'on veut avoir la différence de niveau entre deux points, A, Z, (*fig.* 62), on fait la somme des portées verticales, qu'on trouve en descendant d'A en B, et la somme de celles qu'on trouve en montant de B en Z ; puis on retranche la plus petite de la plus grande, et le reste est la différence cherchée.

Supposons que la somme des portées AB fût de $6^m,4$, et celle de BZ de $7^m,9$, on dirait que le point Z est plus élevé de $1^m,5$ au-dessus du point B que le point A.

RÉSUMÉ.

Le nivellement consiste à déterminer la différence de hauteur entre deux points d'un terrain.

Pour niveler, on emploie communément deux règles de 6 à 7 mètres et le niveau de maçon.

On distingue dans le nivellement trois lignes du terrain incliné : 1° la *pente*; 2° la *verticale*, et 3° l'*horizontale*; ces trois lignes, prises ensemble, forment la *coupe* ou profil du terrain.

OBSERVATIONS.

Plusieurs opérations agricoles nécessitent un nivellement : 1° quand il s'agit de calculer une pente donnée, qu'on veut prolonger pour procurer l'écoulement des eaux dans une cour ou pour faciliter la décharge d'une rivière; 2° dans les travaux de terrassement, quand un propriétaire veut connaître le nombre de mètres cubes à remuer pour opérer un déblai ou un remblai.

On appelle déblai l'enlèvement des terres, et remblai les terres rapportées.

Exemple de l'usage du nivellement.

Supposons que (*fig.* 63) la hauteur AC du point B au point A ait été trouvée de 4m,375, et qu'on voulût répartir cette hauteur sur toute la ligne DB plus BC de 35m. On demande quelle pente il faudrait donner par mètre. Réponse, 0m,125.

Par conséquent, il y aura un remblai de toute la partie comprise entre les trois points A, B, D, et si l'on fait la division de 4m,375, qui est la différence de hauteur entre A et D, on aura pour quotient 0m,125; donc si l'on compte 1m de D à *a*, il faudra planter un piquet qui s'élève sur le sol de 0m,125 pour délimiter le talus; le second piquet *b* s'élèvera de 2 fois 0m,125, et toujours en croissant d'une fois à mesure que l'on compte un mètre de plus sur l'horizontale ABC.

Il est beaucoup d'autres applications utiles du nivellement, mais elles dépassent les limites assignées à ce livre élémentaire.

LEÇON XXXIII.

CONVERSION DES MESURES AGRAIRES.

Mesures nouvelles réduites en anciennes.

Si les mesures actuelles des possessions champêtres ont emprunté au système métrique un nom nouveau et une valeur nouvelle, beaucoup de propriétés ont conservé leurs limites anciennes, et, pour cette raison, les cultivateurs, à cause des titres anciens, ont conservé à la contenance de leurs champs les noms d'arpent, d'acre, de mine, de setier, etc. Il est donc utile souvent, après l'arpentage d'un terrain, de convertir en mesures des localités le nombre d'hectares, d'ares et de centiares obtenus par le calcul. L'exécution de la loi du 4 juillet 1837 sur les poids et mesures fera disparaître des titres les anciennes dénominations. Cependant les champs ne pourront perdre leur contenance assignée en mesures anciennes, c'est pourquoi il sera encore longtemps nécessaire, dans les transactions, d'opérer les réductions.

S'il est vrai aussi que les anciennes mesures, en général, étaient différentes selon les localités diverses, c'est surtout aux mesures agraires qu'il convient d'appliquer cette remarque. Il est faux de dire que chaque province avait les siennes, car dans une province l'on en comptait un grand nombre qui variaient indéfiniment. Cependant, au milieu de ce chaos, il y avait quatre mesures particulières, dont l'usage était assez généralement répandu. 1° L'arpent d'ordonnance ou des eaux et forêts, 100 perches carrées, de 22 pieds; 2° l'arpent de Paris, 100 perches carrées de 18 pieds; 3° l'arpent du Gâtinais, de la Brie, du Poitou, de l'Orléanais, 100 perches carrées de 20 pieds; 4° l'acre de Normandie, le plus ordinairement de 126 perches de 22 pieds.

Communément, on divisait l'arpent en quatre *quartiers*, et chaque quartier en quatre *quartes*.

La longueur de la perche variait beaucoup aussi, mais, quelle qu'en fût la longueur, l'arpent était toujours de 100 perches carrées.

Quelle que fût aussi la mesure locale, cette mesure était formée d'un certain nombre de perches carrées. De là il devient facile de convertir les mesures nouvelles en mesures anciennes.

Soient 75^{ares} 96$^{cent.}$. Combien valent-ils de setiers, mesure locale d'une partie d'Eure-et-Loir? Réponse : 25 setiers 1/4 ou 20 perches.

Pour résoudre cette question je dis : le setier dont il est question vaut 80 perches carrées de 20 pieds de longueur.

La perche carrée égale 20×20^p ou 400 pieds carrés.

Le pied carré équivaut à $0^m,3248 \times 0^m,3248$ ou à $0^{m.},^{car.}1055$, les décimales compensées. Donc 400 p^{ds} carrés égalent 42 centiares 20 centièmes. En effet, $0^{m.c.}1055 \times 400 = 42^{m.c.}20$.

Cela dit, je fais la division de 75 ares 96 centiares par 42$^{cent.}$20, valeur de la perche exprimée en nouvelle mesure : j'ai 180 perches au quotient.

Opération.

75^{ares},96 00	42$^{cent.}$,20
33 76 00	
0 00 00	180 perches.

Divisant ensuite les 180 par 80, valeur du setier, j'obtiens 2 setiers $\frac{20}{80}$ ou 1/4 de setier.

Réduction des anciennes mesures en nouvelles.

Combien 2 setiers 1/4, mesure locale d'une partie du département d'Eure-et-Loir, sont-ils d'ares et de centiares? Réponse : 75 ares 96 centiares.

Pour résoudre cette question, je dis : le setier vaut 80 perches de 20 pieds; la perche vaut 400 pieds carrés et le pied carré égale $0^{m.c.}1055$. Donc si je multiplie ce dernier nombre par 400, j'aurai $42^{m.},20^{c.}$, valeur métrique de la perche carrée. Cela fait, je convertis les 2 setiers 1/4 en perches carrées, et j'ai 180 perches. Je réduis en centiares ce nombre en le faisant servir de multiplicateur au multiplicande de 42m,20 cent. Après quoi j'obtiens un produit de 7596 mètres carrés, qui sont 75 ares 96 cent.

RÉSUMÉ.

Pour convertir les hectares, ares et centiares en mesures anciennes des localités, il faut : 1° connaître la valeur de ces mesures locales en *perches* ou *cordes* du pays ;

2° Savoir de combien de pieds linéaires se compose cette perche, et multiplier par lui-même ce nombre de pieds pour avoir la valeur de la perche en pieds carrés ;

3° Multiplier $0^{m},^{r}1855$ par ce nombre de pieds carrés, pour avoir la valeur métrique de la perche ;

4° Diviser le nombre d'hectares, d'ares et centiares par cette valeur, afin d'avoir le nombre de perches comprises dans les hectares, ares et centiares ;

5° Diviser ce dernier résultat par le nombre de perches comprises dans la mesure locale.

Pour convertir un certain nombre de mesures locales en mesures nouvelles, il faut : 1° réduire ces mesures en perches carrées de la localité ;

2° Réduire ces perches carrées en centiares, par la multiplication des $0^{m},^{r}1055$ par le nombre des pieds carrés qu'elles contiennent.

3° Séparer sur la droite du produit autant de décimales qu'il est nécessaire pour obtenir les hectares, les ares et les centiares.

EXERCICE.

1° Convertissez $38^{hec.}$ $28^{ar.}$ $45^{c.}$ en arpents des eaux et forêts, la perche de 22 pieds.

2° Dites combien $142^{hec.}$ 25^{ar} $95^{c.}$ valent des setiers (80 perches) des environs de Chartres, la perche de 20 pieds.

3° Cherchez combien $133^{hec.}$ $18^{ar.}$ $25^{c.}$ valent d'arpents de Paris, la perche étant de 18 pieds.

4° Convertissez en mines de Janville (66 perches $\frac{2}{3}$) $45^{hec.}$ $30^{ar.}$ $12^{c.}$.

5° Combien 4 arpents des eaux et forêts font-ils d'hectares, d'ares et de centiares ?

6° Donnez en nouvelles mesures la valeur de 40 arpents

d'une partie du département de l'Indre (25 pieds par perche).

7° Combien 125 arpents de Paris valent-ils d'hectares, d'ares et de centiares?

8° Combien 8 journaux de Bourgogne de 360 perches de 19 pieds font-ils d'hectares, d'ares et de centiares?

9° Enfin, combien 17 acres de Normandie, de 160 perches de 22 pieds, valent-ils d'hectares, d'ares et de centiares ?

OBSERVATIONS.

Il est facile de comprendre qu'il nous serait impossible de multiplier ici tous les cas d'application des conversions, attendu que les mesures anciennes sont en si grand nombre que leur nomenclature suffirait pour former un volume assez important.

L'instituteur prendra connaissance dans chaque localité de la mesure du pays; puis il pourrait, si cela était nécessaire, faire résoudre à ses élèves des questions semblables à celles qui suivent.

Si la perche linéaire de la localité est de 9 pieds, combien la perche carrée comprendra-t-elle de centiares?

Si la perche linéaire de la localité est de 21 pieds, combien la perche carrée comprendra-t-elle de centiares?

Par ce travail il n'est aucune mesure qu'on ne puisse convertir, attendu que la mesure locale est toujours formée d'un certain nombre de perches du pays. En pratiquant les principes ci-dessus, il parviendra aussi à faire composer à ses élèves des tables de réductions.

LEÇON XXXIV.

Dans les provinces comme la Beauce, la Brie, la Picardie, le Gâtinais, où les propriétés n'ont ordinairement d'autre séparation que la *raie* ou le sillon tracé par la charrue, il arrive souvent que les voisins, volontairement ou sans s'en apercevoir, prennent un sillon les uns sur les autres; de là tel champ a plus que la mesure, tandis que l'autre est altéré. Lorsque l'arpenteur est appelé pour terminer les contestations, il doit, 1° s'assurer des titres de chacun; 2° arpenter en masse tous les champs au même réage, à moins qu'une haie, une borne ou un fossé ne fixe la ligne de départ; 3° arpenter chaque champ en particulier.

Il est constant que l'arpentage en masse donne plus exactement la contenance totale de la somme des pièces mesurées en particulier, parce que, comme nous l'avons dit, moins les opérations sont répétées, plus on peut compter sur la vérité d'un calcul. D'un autre côté, il est rare que la somme des pièces particulières ne présente pas une différence comparativement avec la masse.

C'est pourquoi cette différence, qui ne doit être que des centiares, à moins qu'il n'y ait vice dans l'une ou dans l'autre supputation, doit être répartie proportionnellement sur chaque pièce.

Je suppose que la masse des trois champs représentés par la *figure* 64 donne 55 ares 91 centiares 77 centièmes de centiare, et que la somme du détail soit :

		ares.	cent.	
A	de	30	84,	05
B	de	11	13,	52
C	de	13	86,	20
		55	83,	77

La différence serait 8 centiares que la masse aurait en plus.

Je suppose aussi que A ait une contenance (d'après les titres) double de B et de C, il faudrait répartir la différence en donnant à A $\frac{2}{4}$, à B $\frac{1}{4}$ et à C $\frac{1}{4}$; par ce moyen on aurait pour contenance partielle :

A	de	30.	88,	05
B	de	11.	15,	52
C	de	13.	88,	20
		55.	91,	77

En adoptant le principe que l'arpentage de la masse est le plus sûr, telle est la manière d'opérer quand on tient à une exactitude très approchée.

61. Malgré l'avantage du système métrique, on a continué, dans les provinces, à désigner le terrain par les dénominations des anciennes mesures. Cet inconvénient subsistera encore longtemps, attendu que la division du territoire est basée sur le mode autrefois en usage. Ainsi en Beauce, par exemple, on dit une mine (28 ares 12 centiares), un minot (demi-mine) (14,06), un boisseau (7,03), une mesure quart de boisseau (1,76). Il est rare qu'une pièce de terre et celles du même réage contiennent juste la mesure désignée sur les titres : tantôt il y a du plus, tantôt du moins. Alors tous les champs du *réage* partagent entre le *boni* ou le *déficit*. Quand l'un a plus proportionnellement que l'autre, il doit restituer. Voici, dans ce cas, comment l'arpenteur doit procéder.

Prenons pour exemple la *figure* 64.

62. Après avoir calculé la somme du terrain et avoir obtenu la valeur de chaque surface, selon ce qui vient d'être dit, on divise le tout par le nombre qui représente la quantité des mesures locales, en réduisant les unités d'une espèce supérieure en unités de la plus petite espèce qui est employée. C'est pourquoi je suppose que le champ A soit une mine (1) d'après les titres, le champ B un minot, et le champ C aussi un minot. Comme la mine contient deux minots, et que dans les trois champs il ne s'en trouve pas un d'un boisseau ($\frac{1}{4}$ de mine), l'unité de la plus petite espèce sera le minot ; ainsi les 55 ares 91 centiares 77 centièmes de centiare devront être divisés par 4 : ce qui donne pour quotient 13, 97, 94.

Le minot est donc de 13 ares 97 centiares 94 centièmes de centiare.

La mine étant de 27 ares 95 centiares 88 centièmes de centiare, il faut conclure que, dans l'exemple cité, 1° la mesure du réage est petite ; 2° que A a 2 ares 92 centiares de trop ; 3° que B a 2 ares 82 centiares de moins ; 4° que C a près de 10 centiares de moins.

(1) Nous prenons pour comparaison la mine, qui est une mesure de Beauce. Ce serait la même manière de calculer à l'égard d'autres mesures locales.

OPÉRATIONS.

A est de.	30,	8805
Il doit contenir. .	27,	9588
Il a de trop. . . .	02,	9217
B doit avoir. . .	13,	9794
Il est de.	11,	1552
Il a de moins. . .	02,	8242
C doit contenir. .	13,	9794
Il est de.	13,	8820
Il a de moins. . .	00,	0974

63. Principe. *Toutes les fois qu'une superficie a plus ou moins comparativement à une autre, la différence se divise par la longueur pour avoir la largeur,* et vice versâ.

En effet, la mesure du rectangle étant égale au produit d'un des côtés pris pour base par l'autre, appelé *hauteur,* si l'on divisait ce produit par la longueur ou base, on obtiendrait la hauteur ou largeur, *et vice versâ.* Or, ne peut-on pas supposer que la différence entre deux surfaces contiguës soit un rectangle dont la longueur est la base ? Par conséquent, en divisant le produit par cette base multiplicande, on doit trouver la hauteur multiplicateur.

APPLICATION (*fig.* 64).

A a sur B un excès de 2 ares 92 centiares 17 centièmes de centiare, ou de 292 mètres carrés 17 centiàres.

La longueur totale est de { 8,40 ; 65,00 ; 5,20 } $78^{m},60$.

Pour avoir la largeur à prendre, il faut diviser 292,17 par 78m,60.

```
292,17 | 78,60
       |------
       | 3,71
 56370        zéro ajouté pour avoir des décimètres.
  13500       zéro ajouté pour avoir des centimètres.
   5640
```

64. En prenant à la surface A 3 mètres 71 centimètres de largeur, nous l'aurons réduite à sa vraie mesure, parce que nous lui aurons retranché 2 ares 92 centiares 17 centièmes de centiare qu'elle a d'excès. Cette quantité portée sur la surface voisine B, devient trop forte de 9 centiares 75 centièmes, somme précisément égale au déficit de C.

Ainsi les 9 centiares 75 centièmes de centiare sont à diviser par $\left\{\begin{matrix} 2,10 \\ 70, \\ 4,30 \end{matrix}\right\}$ 76,40, longueur du champ B, pour connaître la largeur à prendre. Mais 9 mètres 75 centimètres ne peuvent avoir pour diviseur 76,40, nombre beaucoup plus considérable; c'est pourquoi l'on concevrait ces deux nombres comme les deux termes d'une fraction ayant 975 pour numérateur, et 7640 pour dénominateur, et l'on dirait que c'est une largeur de $\frac{975}{7640}$ èmes de mètre qu'il faut prendre sur B pour rendre C exact. Or, cette fraction ne peut être appréciée qu'en la réduisant en décimales.

EXEMPLE.

```
 9750 zéro ajouté pour les dixièmes  | 7640
                                     |---------------
21100 zéro ajouté pour les centièmes | 0,12 centimèt.
```

environ, largeur à prendre sur B.

De ce qui vient d'être exposé, on peut déduire le principe suivant, dont l'application est fréquente.

105. *Quand une superficie a pour excès ou différence une somme qui n'est pas divisible par la longueur, cette somme est le numérateur d'une fraction dont le nombre*

qui exprime la longueur est le dénominateur, et l'on connaît la largeur à prendre pour détruire l'excès ou différence en réduisant la fraction en décimales (fraction de mètre).

OBSERVATION.

Ce principe n'est absolument vrai que lorsque la largeur n'est pas considérable ; autrement il faut tenir compte des irrégularités des extrémités. (Voyez notre *Méthode d'arpentage et de division des terres,* p. 113, 2e édition ; voyez aussi *Leçons primaires de Géodésie,* chez PITOIS-LEVRAULT et Cie, libraires, rue de la Harpe, 81, à Paris.)

FIN.

TABLE DES CHAPITRES.

FIN DE LA TABLE.

IMPRIMERIE D'HIPPOLYTE TILLIARD, RUE S.-HYACINTHE, 30.

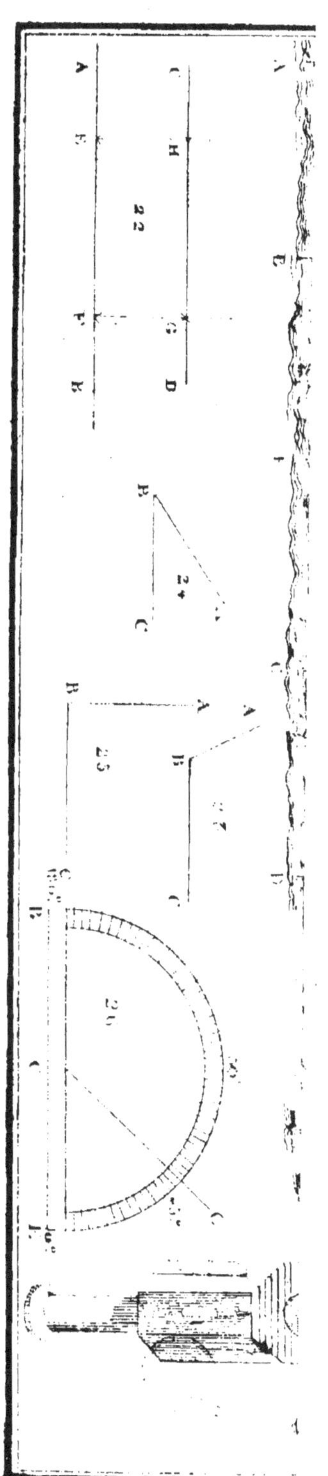

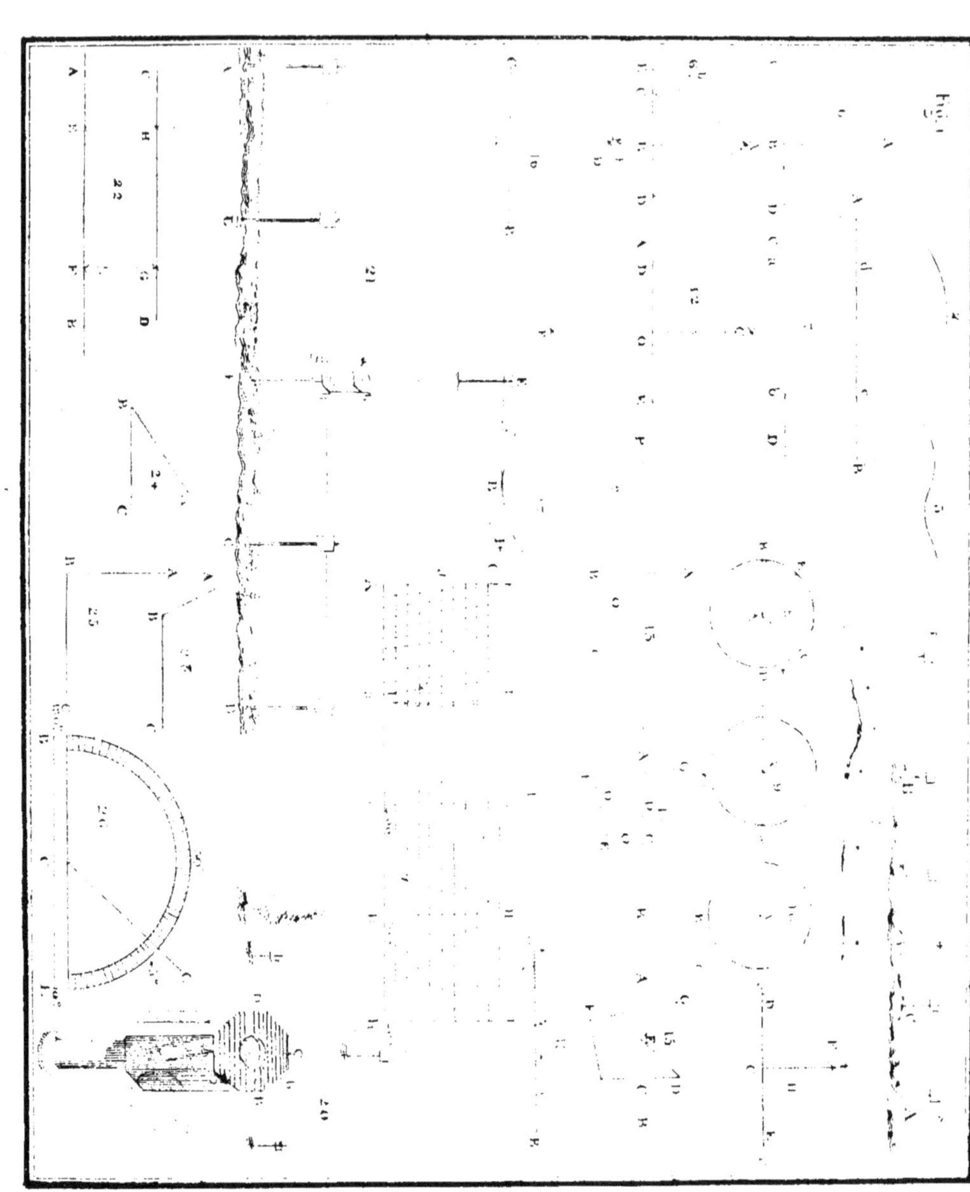

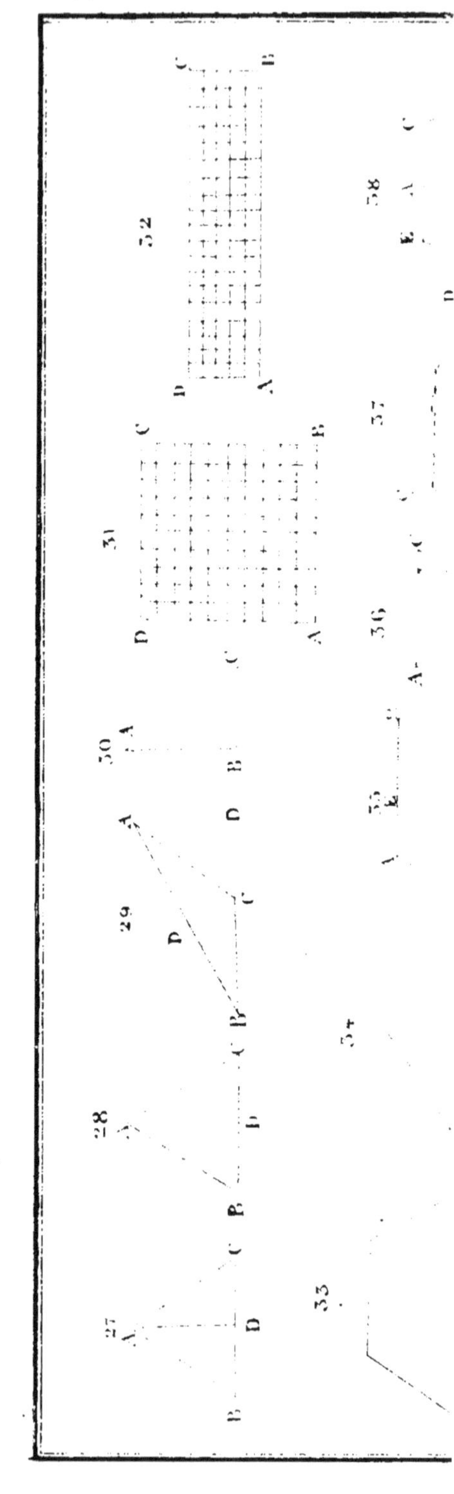

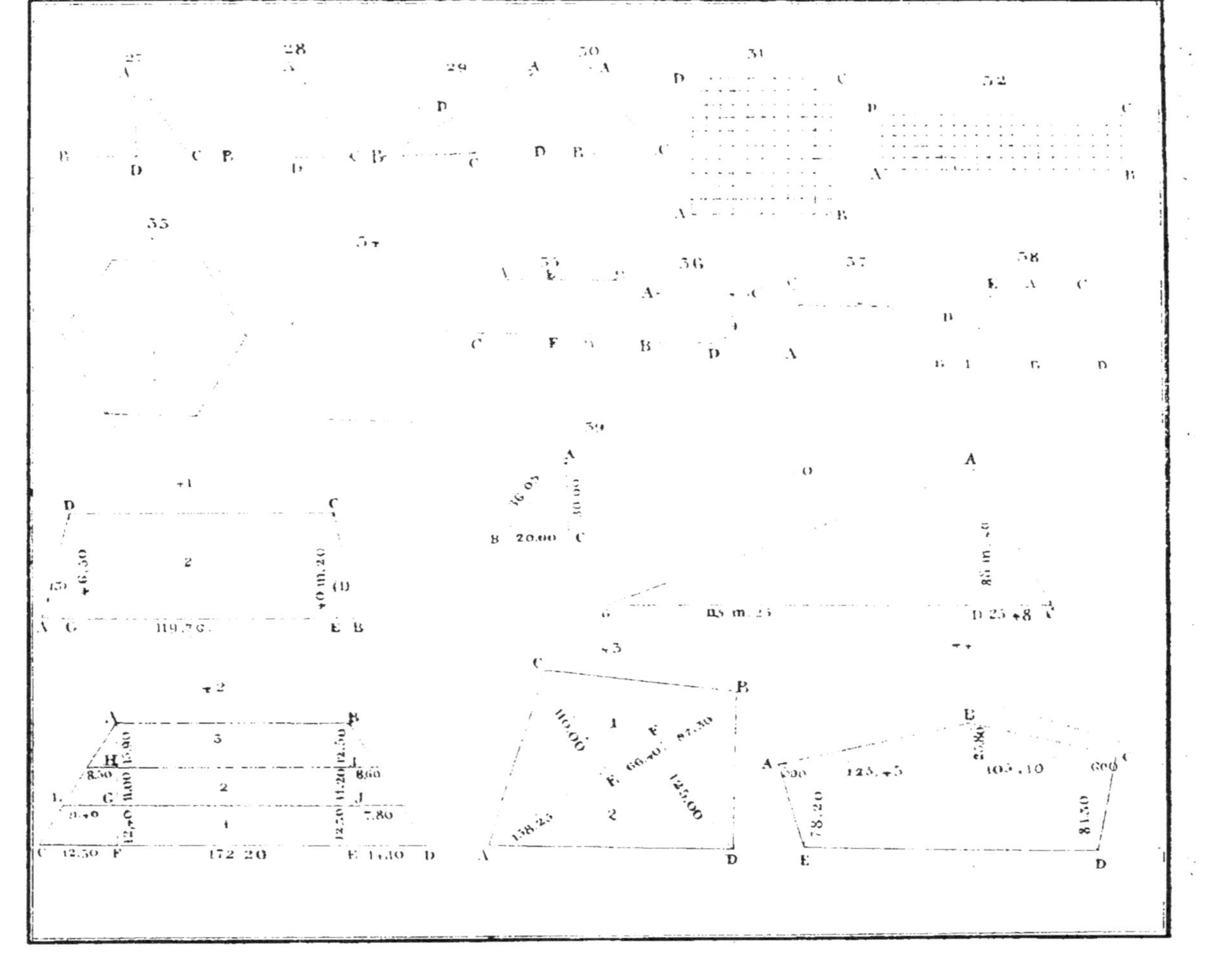

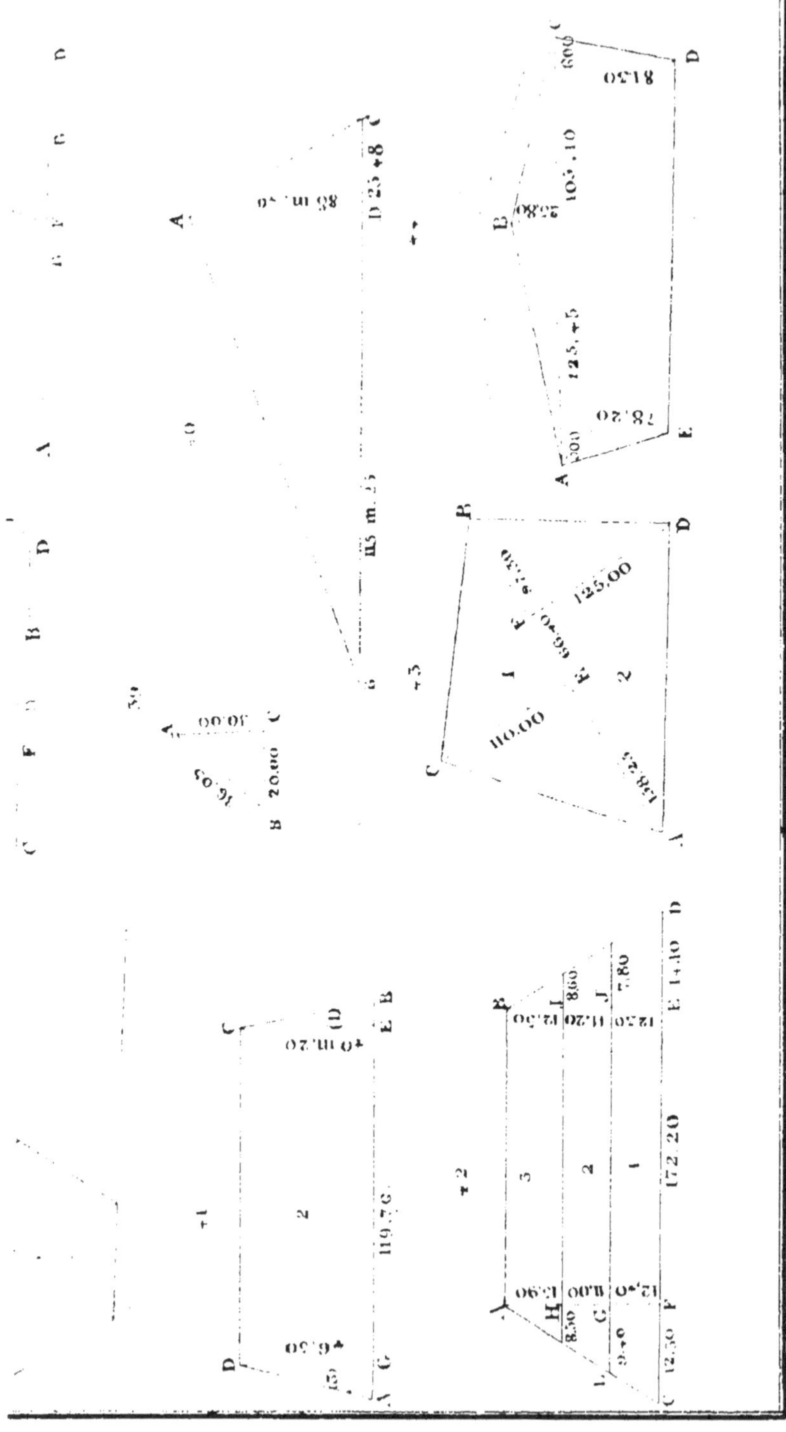

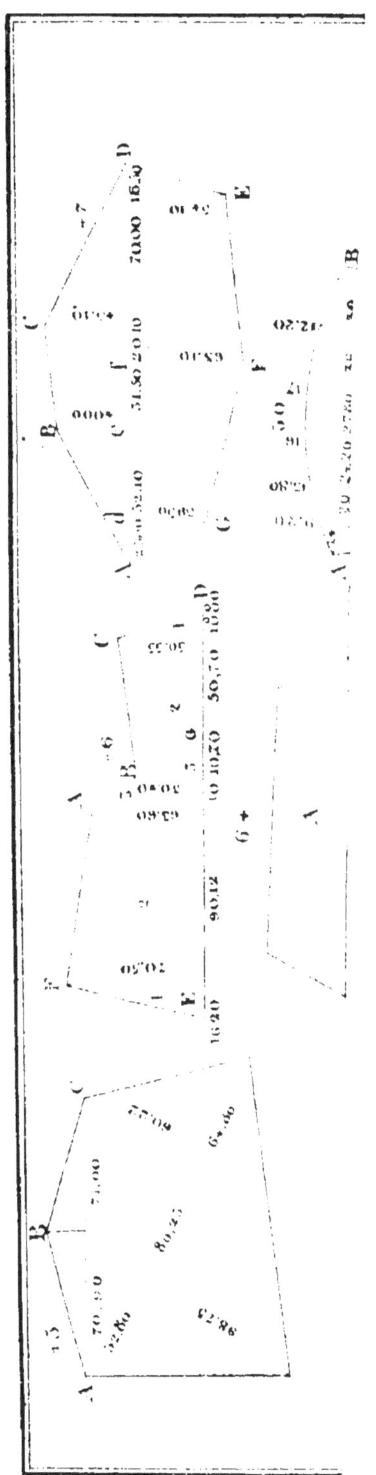

EXTRAIT DU CATALOGUE GÉNÉRAL
De la Librairie de Pitois-Levrault et Cie,

MAITRE PIERRE
OU
LE SAVANT DE VILLAGE.

1. Entretiens sur la physique; par Brard. 40 c.
2. — sur l'astronomie, par Lemaire; fig. 40 c.
3. — sur l'industrie, par C. P. Brard. 60 c.
4. — sur la mécanique, par A. Pénot; avec beaucoup de fig. 60 c.
5. — sur l'histoire; par M. L. H. 60 c.
6. Histoire des français; par Buchon. 60 c.
7. Entretiens sur la chimie; par A. Pénot. 40 c.
8. — sur le calendrier; par Bœckel et A. L. Buchon, avec planches. 90 c.
9. — sur l'éducation; par Mæder. 40 c.
10. — sur la langue française. 40 c.
11. — sur la géographie; par Saint-Germain, avec cartes. 1 fr.
12. — sur la géographie de la France; par le même, avec cartes. 1 fr.
13. — sur la musique; par Le Dhuy. 50 c.
14. — sur les préjugés populaires; par Mæder. 60 c.
15. — avec ses petits amis; par X. Marmier. 40 c.
16. — sur l'art de bâtir à la campagne; par C. P. Brard. 40 c.
17. — sur Franklin; par Saint Germain. 60 c.
18. — sur la physiologie; p. le dr Cerise. 50 c.
19. — sur la botanique; par le prof. Fée, avec planches. 90 c.
20. — sur l'hygiène; par Chambeyron. 50 c.
21. — sur la géométrie; par le prof. Sarrus; avec figures. 80 c.
22. Entretiens sur les animaux domestiques; par le Dr Lacauchie. 40 c.
23. Notions sur l'agriculture; par V. Rendu. 60 c.
24. Entretiens sur les inventions utiles; par Saint Germain. 60 c.
25. — sur la navigation; par E. M. C. 60 c.
26. Éléments de géologie; par M. 60 c.
27. Entretiens sur les voyages de découvertes; par Saint Germain, avec cartes. 1 fr.
28. — sur l'histoire de la révolution française; par le même. 1 fr.
29. — sur la morale; par Delcasso. 50 c.
30. — sur la zoologie; par le prof. Fée. 90 c.
31. — sur les animaux venimeux et les végétaux nuisibles; par le Dr Quenot. 90 c.
32. — sur l'histoire ancienne; par Saint Germain, avec cartes. 1 fr.
33. — sur les mammifères; par le Dr Lereboullet, avec figures. 90 c.
34. — sur la minéralurgie; par Ysabeau. 60 c.
35. — sur les principaux personnages célèbres de la France jusqu'en 1789; par L. M. C. 60 c.
36. — sur les oiseaux; par le professeur Fée, avec figures. 90 c.
37. — sur l'hist. du moyen âge; par St. Germain. 1 fr. 25 c.
38. — sur le système métrique; par Bonnaire. 50 c.
39. — sur les plantes utiles à l'homme; par Millot. 75 c.
40. — sur l'histoire moderne; par Saint-Germain. 1 fr. 25 c.
41. — sur la connaissance du corps humain; par le Dr Broc. *Sous presse.*

COLLECTION
DE
M. LE CHANOINE SCHMID.

Ornée de gravures et vignettes. Chaque volume in-18 broché, 40 c. Cartonnage ordinaire, 50 c. Joli cartonnage gaufré, 75 c. Figures coloriées, 1 fr.

CETTE COLLECTION SE COMPOSE DES OUVRAGES SUIVANTS :

Agnès ou la petite joueuse de luth.
La Colombe, le Serin et le Ver luisant.
Contes à l'adolescence; 2 vol.
La Corbeille de fleurs.
La Croix de bois, l'Enfant perdu et la Chapelle de la forêt.
Fernando.
Le bon Fridolin; 2 vol.
Geneviève de Brabant.
Guirlande de houblon.
Henri d'Eichenfels.
Ludovico.
Nouveaux petits Contes.
Les Œufs de Pâques.
Petits Contes.
Le petit Mouton et la Mouche.
Rose de Tannenbourg. 2 vol.
Sept nouveaux Contes.
Théophile.
Petit Théâtre.
La Veille de Noël.
Jean et Marie, ou les fruits d'une bonne éducation.
Eustache, histoire des premiers temps du christianisme.
Hyrlanda, comtesse de Bretagne.
Itha, comtesse de Toggenbourg.
Les deux Frères.

Histoires de l'Ancien Testament.
Histoires du Nouveau Testament.

Suite aux Contes du chanoine Schmid.

La Chaumière irlandaise.
Pierre, ou les suites de l'ignorance.
Minona.
La famille Oswald.
L'ami des petits enfants.
Théâtre de la Jeunesse.
Iduna.
Charles Seymour.
Paraboles.
Nouvelles Paraboles.
Tellheim.
Theona.
La famille africaine.
Étrennes.
Nouvelles Étrennes.
La Barque du pêcheur.
Historiettes pour les enfants.
Le Petit Fauconnier.

On trouve chez PITOIS-LEVRAULT et Cie :

LEÇONS PRIMAIRES DE GÉODÉSIE AGRAIRE, ou Division du terrain ; par GILLET-DAMITTE. In-12, deuxième partie, cart. 75 c.

LEÇONS PRIMAIRES DU LAVIS DES PLANS, par le même ; troisième partie.

ARITHMÉTIQUE DES JEUNES FILLES, par le même. Un vol. grand in-18. 1 fr. 40 c.

ARITHMÉTIQUE DES JEUNES GARÇONS, par le même. Un vol. grand in-18. 1 fr. 40 c.

Ouvrage élémentaire, pratique, raisonné et commercial, dans lequel les difficultés du calcul sont exposées et résolues par une méthode nouvelle, avec 800 problèmes gradués, sur les diverses applications, le calcul décimal ; 3e édition, augmentée du texte de la loi du 4 juillet 1837 sur les poids et mesures.

ARITHMÉTIQUE RAISONNÉE, à l'usage des Écoles primaires ; par M. BAGET, principal du collége de Château-Thierry (Aisne) ; 2e édition. Un vol. in-12. 1 fr. 75 c.

LEÇONS ABRÉGÉES D'ARITHMÉTIQUE, par le même. 1 vol. in-12. 90 c.

ARITHMÉTIQUE DES ÉCOLES PRIMAIRES, in-32, broché. 30 c.

PRÉCIS ÉLÉMENTAIRE DE MATHÉMATIQUES, par Joseph MORAND.

Première partie. Calcul théorique et pratique. 2 fr. 50 c.

Deuxième partie. Géométrie élémentaire, Trigonométrie, Principes de la Géométrie analytique, Algèbre supérieure. 3 fr.

ENTRETIENS SUR LE SYSTÈME MÉTRIQUE, par M. BONNAIRE. In-18, br. 50 c.

TABLEAU DU SYSTÈME MÉTRIQUE. In-plano sur jésus.

ENTRETIENS SUR LA GÉOMÉTRIE, par SARRUS. In-18. br. 80 c.

Imprimerie d'HIPPOLYTE TILLIARD, rue St.-Hyacinthe-St.-Michel, 30.

www.ingramcontent.com/pod-product-compliance
Lightning Source LLC
LaVergne TN
LVHW050424160826
845677LV00002BA/519

* 9 7 8 2 3 2 9 6 9 7 4 5 1 *